应用型高校产教融合系列教材

航空运输工程与管理系列

PBN飞行程序设计与实践

王馨悦　石硕　徐宁霞 ◎ 编著

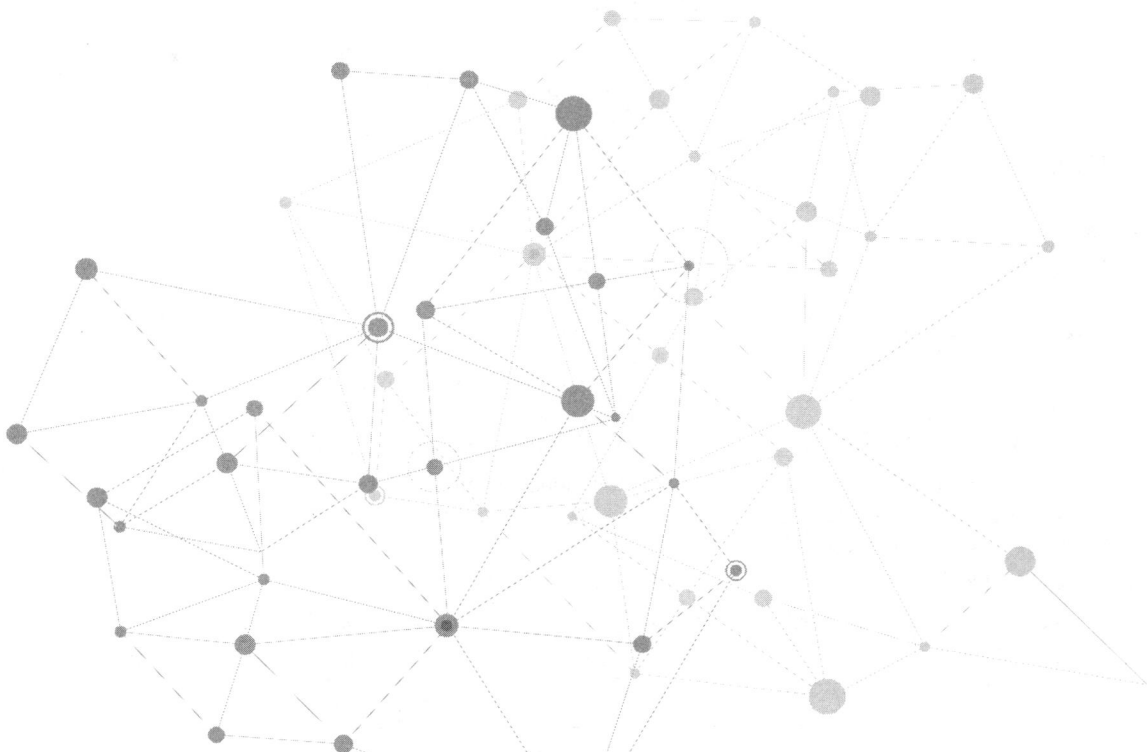

清华大学出版社

北　京

内 容 简 介

PBN 飞行技术作为新导航技术,近十年得到了飞速发展,PBN 飞行程序也被广泛地应用于全国各机场及相关航路中。为帮助航空专业人员更好地掌握 PBN 飞行程序应用及设计原理,本书共设计了 6 章。分别介绍了 PBN 导航概论、PBN 程序设计基本参数及准则、PBN 离场程序设计、PBN 进场及进近程序设计、精密进近航段的 PBN 程序设计、气压垂直导航程序设计。

本书可作为高等院校飞行技术专业、签派专业及空管专业本科生、飞行教师、机构学员的教学用书,也可作为从事飞行程序设计、飞行驾驶等民航工作人员的参考用书。

图书在版编目(CIP)数据

PBN 飞行程序设计与实践 / 王馨悦,石硕,徐宁霞编著. -- 北京:清华大学出版社,2025.7.
(应用型高校产教融合系列教材). -- ISBN 978-7-302-69925-5

Ⅰ. V323

中国国家版本馆 CIP 数据核字第 2025WL0838 号

责任编辑:王 欣
封面设计:何凤霞
责任校对:王淑云
责任印制:宋 林

出版发行:清华大学出版社
  网 址:https://www.tup.com.cn,https://www.wqxuetang.com
  地 址:北京清华大学学研大厦 A 座 邮 编:100084
  社 总 机:010-83470000 邮 购:010-62786544
  投稿与读者服务:010-62776969,c-service@tup.tsinghua.edu.cn
  质量反馈:010-62772015,zhiliang@tup.tsinghua.edu.cn
印 装 者:北京鑫海金澳胶印有限公司
经 销:全国新华书店
开 本:185mm×260mm 印 张:9.5 字 数:233 千字
版 次:2025 年 8 月第 1 版 印 次:2025 年 8 月第 1 次印刷
定 价:48.00 元

产品编号:105492-01

应用型高校产教融合系列教材

总编委会

　　教材是知识传播的主要载体、教学的根本依据、人才培养的重要基石。《国务院办公厅关于深化产教融合的若干意见》明确提出,要深化"引企入教"改革,支持引导企业深度参与职业学校、高等学校教育教学改革,多种方式参与学校专业规划、教材开发、教学设计、课程设置、实习实训,促进企业需求融入人才培养环节。随着科技的飞速发展和产业结构的不断升级,高等教育与产业界的紧密结合已成为培养创新型人才、推动社会进步的重要途径。产教融合不仅是教育与产业协同发展的必然趋势,更是提高教育质量、促进学生就业、服务经济社会发展的有效手段。

　　上海工程技术大学是教育部"卓越工程师教育培养计划"首批试点高校、全国地方高校新工科建设牵头单位、上海市"高水平地方应用型高校"试点建设单位,具有40多年的产学合作教育经验。学校坚持依托现代产业办学、服务经济社会发展的办学宗旨,以现代产业发展需求为导向,学科群、专业群对接产业链和技术链,以产学研战略联盟为平台,与行业、企业共同构建了协同办学、协同育人、协同创新的"三协同"模式。

　　在实施"卓越工程师教育培养计划"期间,学校自2010年开始陆续出版了一系列卓越工程师教育培养计划配套教材,为培养出具备卓越能力的工程师作出了贡献。时隔10多年,为贯彻国家有关战略要求,落实《国务院办公厅关于深化产教融合的若干意见》,结合《现代产业学院建设指南(试行)》《上海工程技术大学合作教育新方案实施意见》文件精神,进一步编写了这套强调科学性、先进性、原创性、适用性的高质量应用型高校产教融合系列教材,深入推动产教融合实践与探索,加强校企合作,引导行业企业深度参与教材编写,提升人才培养的适应性,旨在培养学生的创新思维和实践能力,为学生提供更加贴近实际、更具前瞻性的学习材料,使他们在学习过程中能够更好地适应未来职业发展的需要。

　　在教材编写过程中,始终坚持以习近平新时代中国特色社会主义思想为指导,全面贯彻党的教育方针,落实立德树人根本任务,质量为先,立足于合作教育的传承与创新,突出产教融合、校企合作特色,校企双元开发,注重理论与实践、案例等相结合,以真实生产项目、典型工作任务、案例等为载体,构建项目化、任务式、模块化、基于实际生产工作过程的教材体系,力求通过与企业的紧密合作,紧跟产业发展趋势和行业人才需求,将行业、产业、企业发展的新技术、新工艺、新规范纳入教材,使教材既具有理论深度,能够反映未来技术发展,又具有实践指导意义,使学生能够在学习过程中与行业需求保持同步。

　　系列教材注重培养学生的创新能力和实践能力。通过设置丰富的实践案例和实验项目,引导学生将所学知识应用于实际问题的解决中。相信通过这样的学习方式,学生将更加具备竞争力,成为推动经济社会发展的有生力量。

本套应用型高校产教融合系列教材的出版,既是学校教育教学改革成果的集中展示,也是对未来产教融合教育发展的积极探索。教材的特色和价值不仅体现在内容的全面性和前沿性上,更体现在其对于产教融合教育模式的深入探索和实践上。期待系列教材能够为高等教育改革和创新人才培养贡献力量,为广大学生和教育工作者提供一个全新的教学平台,共同推动产教融合教育的发展和创新,更好地赋能新质生产力发展。

中国工程院院士、中国工程院原常务副院长

2024 年 5 月

本书是在上海工程技术大学"应用型高校产教融合系列教材"总编委会、"航空运输工程与管理系列"编委会指导下，按照产教融合教材的建设要求编写完成的。"应用型高校产教融合系列教材·航空运输工程与管理系列"包括《飞机飞行力学》《机场运营管理》《航空概论》《飞行学员英语口语实用教程》《航空气象理论与实践》《飞行员陆空通话教程（英文版）》《民航管理信息系统教程》及《PBN飞行程序设计与实践》，共计8册。编者来自上海工程技术大学、中国东方航空股份有限公司、上海机场集团、中国商用飞机有限责任公司等单位，由校企双方共同完成。

为适应新时代对高质量民航运输应用型人才的需求，全面提升教材体系建设水平和质量，本系列教材以上海工程技术大学主编的"卓越工程师教育培养计划配套教材·飞行技术系列"为基础，面向新时代民航产业人才培养，紧密对接行业产业发展，将理论和实践相结合作为教材编写的根本理念和基本原则。教材注重理论与科学技术发展同频，案例与行业发展相融，整体呈现科学性、系统性、实用性等特点。

本系列教材的出版发行对促进我国民航运输应用型人才培养、教育教学改革实践，推动高校与企业产教融合高质量发展具有重要意义。

"应用型高校产教融合系列教材·航空运输工程与管理系列"编委会

前 言
PREFACE

党的十八大以来，以习近平同志为核心的党中央高度重视航空工业发展，并发出了"航空强国"的伟大号召，开启了航空强国建设的伟大征程。作为航空活动的主要参与者、实施者，航空强国的号召使航空从业者的需求与日俱增。但航空业的发展离不开安全保障。我们不仅需要更多的航空从业者，更需要大量优秀的、心怀"航空报国"理念的航空从业者。这是时代赋予我们的责任和使命。

PBN飞行程序采用新导航技术，不仅极大地节约了飞行过程中的时间、空间及设备成本，提高了航班飞行效率，并且能够帮助飞行员在空域条件复杂的环境下安全地完成飞行任务。为帮助航空从业者了解PBN导航规范及程序设计原理，特开展本教材的编写工作。本教材在编写中注重结合算例，模拟真实环境下的空域条件，参照中外教材及Doc8168规范，帮助从业者解读规章，应用规章进行飞行程序设计。

本书共包含6章，分别介绍PBN导航概论、PBN程序设计基本参数及准则、PBN离场程序设计、PBN进场及进近程序设计、精密进近航段的PBN程序设计、气压垂直导航程序设计。第1章及第2章详细阐述PBN飞行程序的内涵及总的设计准则。第3章至第6章分别介绍飞行程序设计的具体规范，并为读者提供了相关练习及应用实例，帮助读者掌握相关的设计准则。本书力求知识的系统性、结构的严谨性、内容的逻辑性，尽可能以精练的语言将知识呈现给读者。

本书由上海工程技术大学王馨悦主编。其中资料收集部分由乌鲁木齐航空有限公司徐宁霞完成。理论部分内容由王馨悦执笔。初稿完成后，由中国商飞上海飞机设计研究院研究员石硕进行了补充、修改、审核和定稿。编写过程中，得到了行业专家和同事的助力，在此谨致谢忱。

PBN飞行程序涉及的程序、性能等飞行方面的专业知识较为庞杂，信息量大、覆盖面广，编写过程中难免有所疏漏。且编者的理论水平及写作水平有限，恳请专家同行、各位读者批评指正。

编　者
2024年6月

目 录

CONTENTS

第5章　精密进近航段的PBN程序设计 / 93

第6章　气压垂直导航程序设计 / 120

第 1 章　PBN导航概论

飞行程序设计是为了避免航空器与航空器、航空器与地面障碍物之间相撞而提供的能够对障碍物保持规定超障裕度的一系列预定的机动飞行指令,包括对飞行路线、高度和机动区域的设定等。传统的仪表飞行程序是以地基导航设备为导航源,基于机载飞行设备而设计的飞行程序,执行飞行程序时,需根据地基导航设施提供的航迹指引进行向台或背台飞行。基于地面导航设备设计的传统飞行程序受到地面导航设备的限制,其飞行航迹的精度不高,需占用过多的空域资源,进而导致无法适应日益增长的飞行需求。

随着机载计算机性能的不断提升,飞行管理系统(flight management system,FMS)可以根据多种机载导航传感器获取的导航信号通过机载计算机计算出航空器所在位置。通过地基及星基导航设施导航信号或自主导航设备提供的导航信息或在两者配合下,结合飞行管理系统使航空器实现在区域内按希望路径运行,即区域导航。这种导航方式的飞行航路不再受地面导航台的制约,可实现真正意义上航路设计的任意性,更适合在复杂地形条件、繁忙空域中实施,是一种更精确、安全、高效的航空运行方式。

早期区域导航以其独特的优势在世界范围内发展得如火如荼,各国根据自身需求对区域导航的概念、术语和定义进行规范,形成早期的所需导航性能(required navigation performance,RNP)和区域导航(regional area navigation,RNAV)的概念,但各国范围内概念的定义又不尽相同,这就导致地区性概念泛滥。而缺乏统一的区域导航概念,反过来也制约了区域导航在世界范围内的推广。为了推进区域导航在世界范围内的可持续健康发展,国际民航组织(ICAO)成立了专门的RNP特殊运行要求研究小组,对RNP运行进行研究,对已经存在的RNAV及RNP概念进行梳理。2007年,国际民航组织基于早期的RNAV和RNP概念,以新航行系统为基本架构,并整合空域概念提出了"基于性能导航"(performance based navigation,PBN)的概念。于此同时重新定义了RNAV及RNP的概念,并积极推进各国制定并实施PBN运行程序。

1.1　PBN 的概念

PBN 指的是在相应的导航基础设施条件下,航空器在指定的航路、仪表飞行程序或空域飞行时,符合系统精确性、完好性、可用性、连续性和特定功能性五方面性能要求的导航。

PBN 概念包含三个要素：导航规范、导航系统基础设施和导航应用。导航规范是在已定义的空域概念下对航空器和飞行机组提出的相关要求，同时规定相关导航设施和设备的选择与应用规范，并为管理当局和运营者提供指导意见。

ICAO 定义的 PBN 规范包含两种导航规范[1]，即经过重新定义的 RNAV 和 RNP。RNAV 是一种导航方式，它能够使航空器在导航信号覆盖范围之内，或在机载导航设备的工作能力范围之内，或二者的组合，沿任意期望路径飞行。RNAV 不强制规定导航源，支持 VOR/DME、DME/DME、GNSS、IRS 及其他导航系统作为导航源，具有广阔的前景。

RNP 是一种 95% 的导航精度性能声明，该性能要求在特定飞行阶段或航段符合指定性能值，且要求具备相应的机载性能监控和告警功能，以便在无法达到所需导航性能要求时向飞行员发出告警。因此，是否具备机载性能监控和告警功能是区分 RNAV 和 RNP 的重要标准。RNP 是以全球卫星导航系统(global navigation satellite system，GNSS)为导航源的导航规范，而 RNAV 的导航源并不局限于 GNSS 导航源。

1.2　PBN 导航规范

导航规范是在已定义的空域概念下对航空器和飞行机组提出的一系列要求和实施 PBN 所需的性能及具体功能要求。PBN 导航规范中涉及的所需性能为精度、完好性、连续性和可用性[2]，其具体内涵如下：

(1) 精度。PBN 中的精度是指航空器所在位置与期望位置之间的偏差，也称作总系统容差(total system error，TSE)。总系统误差主要由三方面的误差组成：航径定义容差(path definition error，PDE)、导航系统容差(navigation system error，NSE)和飞行技术容差(flight technical error，FTE)。总系统容差即为上述三种误差平方和的根。

(2) 完好性。指导航性能的可信度。完好性的要求包括三个方面：其一，95% 的时间内，TSE 小于 RNP 值；其二，TSE 大于两倍 RNP 值且未告警的可能性低于 10^{-5}；其三，以 GNSS 为导航源时的导航信号偏差导致的 TSE 超过 2RNP 的可能性小于 10^{-7}。

(3) 可用性。当航空器在某种导航规范的航段内运行时，其导航性能的总系统容差应满足该导航规范的要求。即航空运行系统能够正常工作、正常使用的性能。一般用导航源能够提供可靠导航信息的时间比例表示。

(4) 连续性。指当航空器在某种导航规范的航段内运行时，运行的总系统容差应始终满足 PBN 性能要求，即航空运行系统能够连续保持正常工作的性能。

各飞行阶段的需求不同，对导航所需性能的要求也不尽相同。目前使用的导航规范根据飞行阶段可划分为适用于海洋、偏远航路、大陆空域航路、终端区及进近阶段的导航规范，如图 1-1 所示。

RANV10：用于支持航路飞行阶段的 RNAV 运行，支持在海洋或偏远区域空域以纵向距离为基础的最低间隔标准。

RNAV5：用于支持大陆空域航路飞行阶段的 RNAV 运行。

RNAV1 和 RNAV2：用于支持航路阶段飞行、标准仪表离场、标准仪表进场和进近至最后进近定位点(FAF)/最后进近点(FAP)的 RNAV 运行。

RNP4：用于支持在海洋或偏远地区空域基于纵向距离最低间隔标准的航路阶段飞行

的 RNAV 运行。

RNP2：用于支持洋区、偏远地区和大陆空域航路阶段飞行的 RNP 运行。

RNP1：用于支持标准仪表离场程序、标准仪表进场程序和进近至 FAF/FAP 的 RNP 运行，没有或有 ATS 监视服务的限制，用于低到中等程度的交通量。

高级 RNP（ARNP）：用于支持大陆空域的航路、标准仪表离场程序、标准仪表进场程序和进近程序的 RNP 运行。

RNP APCH：用于支持 RNP 进近运行至 LNAV、LNAV/VNAV、LP 和 LPV 的最低标准。

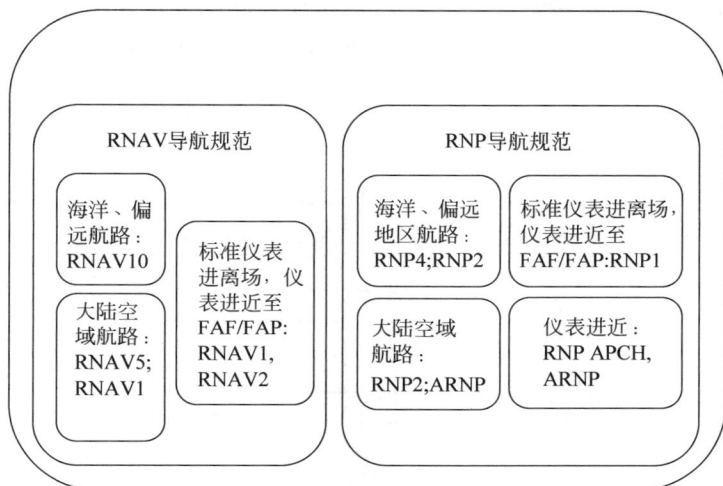

图 1-1　PBN 导航规范

1.3　实施 PBN 的基本设施及组合导航模式

目前应用于民航的导航技术种类较多。按照导航源功能可以分为自主式和他备式。

自主式导航源不依赖飞机以外的设备，能够自主完成导航，自主式导航设施一般为机载惯性导航系统（INS）。自主式导航源的优点在于不需要外界信号源，不受外界环境干扰；缺点是误差将随时间累积不断变大，导航精度不恒定。

他备式导航源需要航空器配合地面或空间设施共同完成导航，常见的他备式导航源包括甚高频全向信标台（VOR）、测距仪（DME）、无方向信标台（NDB）、全球卫星导航系统（GNSS）及仪表着陆系统（ILS）。他备式导航源分为地基导航源和星基导航源。其中甚高频全向信标台（VOR）、测距仪（DME）、无方向信标台（NDB）及仪表着陆系统（ILS）属于地基导航源。地基导航源优点在于导航信号发射源在地面，系统可靠性高；缺点是精度较低，覆盖范围有限，独立设备无法进行定位。星基导航源即全球卫星导航系统（GNSS）。其优点是导航信号发射源在外层空间，全球或区域性覆盖，导航定位精度较高；缺点是信号易受射频干扰或电离层变化影响，完好性需要增强。

其中，NDB 导航源的导航精度差，不符合 PBN 导航精度的要求，无法为 PBN 提供导航信号。VOR、DME、GNSS 及惯性导航系统根据其优缺点，不适合独立为 PBN 导航规范提供导航引导,故需要通过不同的导航源组合满足 PBN 导航规范的性能需求。符合 PBN 导航性能的导航设施组合包括 INS/INS 导航、DME/DME/INS 导航、VOR/DME/INS 导航及 GNSS/INS 导航。

1. INS/INS 导航系统

INS/INS 导航系统由惯性敏感元件和机载导航计算机组成。惯性敏感元件测量飞机相对惯性空间的运动参数,即加速度和角运动量。机载导航计算机根据给定的运动初始条件和测量出的加速度及角运动量计算出飞机所在的位置。加速度计及三自由度陀螺仪组成如图 1-2[1] 所示。但由于惯性导航测量元件工作过程中会受到自身及换件变化影响产生误差,且误差随时间累积很难消除。机载导航计算机计算过程中会引入这些误差,定位误差也会随时间的推移而扩大。因此 INS/INS 很难长时间独立定位,通常与其他导航设备共同定位。

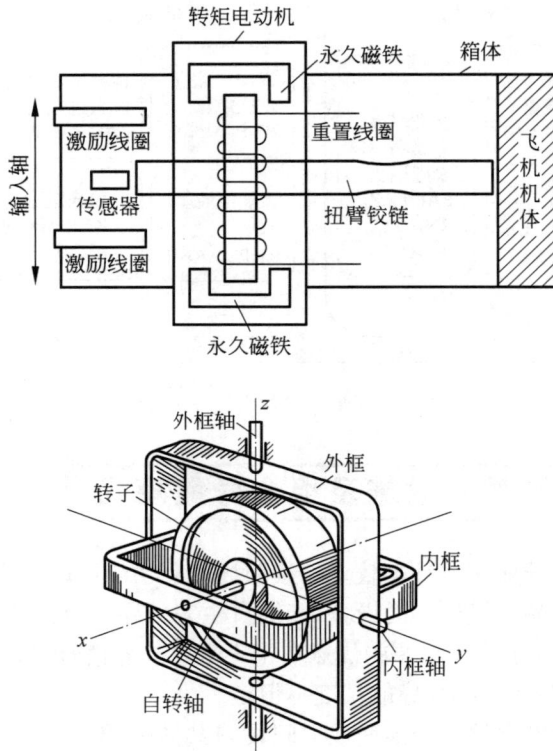

图 1-2　加速度计及三自由度陀螺仪组成

2. DME/DME/INS 与 VOR/DME/INS 导航系统

DME/DME/INS 与 VOR/DME/INS 导航系统的导航原理类似,都是利用地基导航设备与机载 INS 导航系统组合实施 PBN 导航,要求至少两台地基导航设备同时对航空器进行定位。由于地基导航设备精度较低、覆盖范围有限且受地形限制存在信号遮蔽,航空器在飞行过程中无法持续接收地基设备的导航信号,不符合 PBN 导航规范要求的所需性能。因此,在地基设备信号覆盖缺失区域,需要 INS 导航设备提供满足定位精度的导航信息。

3. GNSS/INS 导航系统

GNSS/INS 组合导航系统由 GNSS 接收器、惯性敏感元件及机载导航计算机组成。GNSS 接收器可获取卫星信号，计算出初始位置、速度和时间，并将此作为初始信息提供给 INS。惯性敏感元件测量航空器的加速度和角速度，并将测量得到的数据提供给机载导航计算机。机载导航计算机对数据进行积分，推算航空器的运动状态，计算航空器的实时位置。当 GNSS 提供的定位数据可用时，将 GNSS 测量值与机载计算机计算得到的位置信息进行比对，校正惯性敏感元件的累积误差。

GNSS 可以提供高精度的定位信息，而 INS 可以提供连续的运动跟踪。当 GNSS 信号丢失或受电离层干扰时，INS 可以在短时间维持高精度导航。两者相结合，可持续为航空器提供符合 PBN 导航规范的高精度导航信息。

1.4 全球卫星导航系统

随着卫星技术的快速发展，全球卫星导航系统（GNSS）迎来了蓬勃发展的机遇。全球卫星导航系统以其全球范围内的全天候、全天时、实时、海陆空天一体的定位优势，正逐渐取代传统导航手段，并广泛应用于航空领域。目前世界各国及国际组织构建的全球卫星导航系统主要有 4 种：美国的全球定位系统（GPS）、我国的北斗卫星导航系统、俄罗斯的格洛纳斯导航系统（GLONASS）和欧盟的伽利略卫星定位系统（Galileo satellite navigation system，GALILEO）。其中建设完全的仅有美国的 GPS 和我国的北斗卫星导航系统[3]。

1.4.1 全球卫星导航系统的构成及工作原理

全球卫星导航系统发展迅猛，如今已经广泛地应用于精密工程、测量及变形监测、交通系统、地球动力学、气象学、旅游及农业生产等行业。当前存在的 4 种卫星导航定位系统虽然由不同国家或国际组织建造，也仅在名称和细节上有所不同，各卫星导航系统的主体组成部分及工作原理基本相似。

全球卫星导航系统通常由三部分组成：空间部分、地面部分和用户部分。空间部分包括在轨工作卫星和备份卫星，主要功能是向用户设备提供测距信号和导航电文。地面部分由监测站、主控站和注入站组成，其主要作用是跟踪和维护空间星座，调整卫星轨道，计算并确定用户位置、速度和时间需要的重要参数。用户部分主要是由接收机组成，完成导航、授时和其他有关功能。

GPS 的定位基本原理是将无线电信号发射机安装到 GPS 卫星上，这些 GPS 卫星就可以在空间中向地面发送无线电信号，这些无线电信号中包含有星历参数提供的坐标信息和 GPS 卫星运行轨道参数等详细信息，地面上的用户只需通过使用 GPS 信号接收机接收由 GPS 卫星发送的无线电信号，然后根据接收的这些无线电信号的传播时延确定 GPS 信号接收机和 GPS 卫星的距离，该距离称为伪距。最后依据三角位置关系解算出接收机的位置坐标。当前 GPS 定位技术通常包含三种：伪距单点定位、载波相位定位和实时差分定位。

（1）伪距单点定位。GNSS 被动式定位基于被动式测距原理，根据该原理测量用户至 GNSS 卫星的距离（简称站星距离）时，GNSS 信号接收机只接收来自 GNSS 卫星的导航定位信号，不发射任何信号。因此，存在三种时间系统：各颗 GNSS 卫星的时间标准，各台

GNSS 信号接收机的时间标准,统一上述两种时间标准的 GNSS 时间系统。

当用测距码进行 GNSS 站星距离测量时,根据 GNSS 测距信号在上述三种时间系统的收发时元可以求得测距码从 GNSS 卫星到 GNSS 信号接收天线的传播时间。GNSS 卫星测得的伪距方程中有 4 个未知量,因此根据需要观测 4 颗 GNSS 卫星,才可列出 4 个观测方程式,进而求得用户所在位置。

所谓"单点定位"是用户只用一台 GNSS 信号接收机,测得自身的位置,如图 1-3 所示。一般采用 GNSS 卫星发送的测距码作测距信号,测得用户至 GNSS 卫星的距离,进而解算出用户的三维坐标[4]。

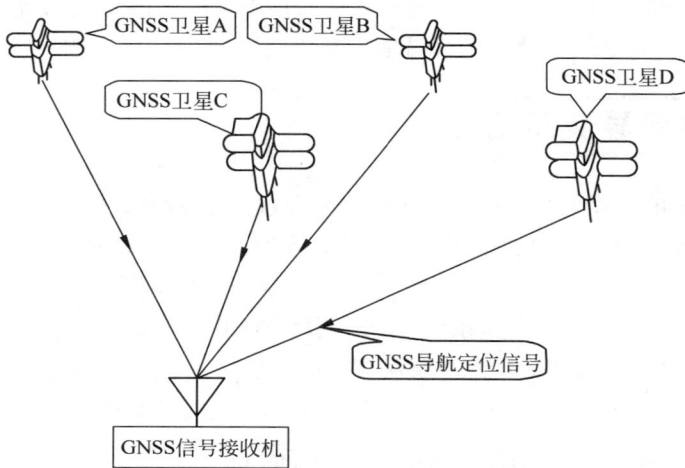

图 1-3　伪距单点定位原理图

（2）载波相位定位。载波相位观测量是测定 GNSS 接收机接收的卫星载波信号与接收机振荡器产生的参考载波信号之间的相位差。载波相位观测量理论上是 GNSS 信号在接收时刻的瞬时载波相位值。但实际上无法直接测量出任何信号的瞬时载波相位值,测量接收的是具有多普勒频移的载波信号与接收机产生的参考载波信号之间的相位差。GNSS 信号被接收机接收后,首先进行伪随机码的延时锁定,即实现对卫星信号的跟踪。一旦跟踪成功,接收机的本地伪随机码就与卫星的伪随机码严格对齐,给出伪距观测量。之后利用锁相环实现相位的锁定,锁相后接收机本地信号相位与 GNSS 载波信号相位相同,此时接收机本地信号相位与初始相位的差即为载波相位观测量。

（3）实时差分定位。将其中一台 GNSS 接收机作为参考,即为基准站,基准站的位置坐标信息是预先精确测得的。利用位置坐标信息,可以得知基准站自身到 GNSS 卫星的距离差分校正量,然后以广播或数据通信链的传输方式将这个差分校正量实时发送出去。流动站端的 GNSS 接收机利用基准站通过特定通信链发送过来的相关差分校正量,对自身的定位结果进行实时校正,从而有效地帮助流动站得到较高精度的位置定位坐标信息[5]。

1.4.2　美国 GPS 的组成及导航性能

GPS 卫星导航系统是全球开发最早的卫星导航系统,该系统发展于 1958 年,历经半个世纪的发展,现已成为全球发展最成熟的卫星导航系统。GPS 以其完善的功能,广泛应用

于精密工程、测量及变形监测、交通系统、地球动力学、气象学、旅游及农业生产等民用行业。

GPS卫星导航系统的空间部分包括 24 颗卫星,可以确保地球上任何时间、任何地点都能够同时接收 4 颗导航卫星提供的导航信息。地面站主要功能是接收并处理卫星数据、校对星历、卫星钟差及大气修正参数。在 GPS 的用户部分,接收机能够接收并处理卫星数据,能够根据数据计算出接收机的三维位置、速度和时间。

现代社会发展伴随着科技的进步,GPS 应用前景日趋广泛,其导航性能及工作特点如下。

(1)能够为全球任何地点或近地空间的各类用户提供连续、全天候导航定位的能力,且能够满足多用户同时使用的需求。

(2)可以提供实时导航,定位精度高,观测时间短。利用 GPS 具有接近实时定位的能力可以为高动态用户提供实时定位,同时为用户提供连续的三维位置、三维速度和精确的时间信息。民用 GPS 导航定位大部分情况下能达到 10m 左右的精度,军用 GPS 导航定位精度甚至可以达到 1m。

(3)对地面导航设备的依赖程度低,可减少地面导航台的建设费用,不会因航空器位置改变而产生定位精度的显著变化。GPS 导航能够适应不同的地理环境,且不会产生信号屏蔽。

由于 GPS 能够进行稳定、精确、连续的定位,相较传统地面导航具有明显优势,因此,国际民航组织近年来倡导使用卫星定位系统对航空器进行定位,目前越来越多的航空系统将卫星导航定位系统作为必选的机载设备配置在航空器中。

1.4.3 北斗卫星导航系统

北斗卫星导航系统(以下简称北斗系统)是我国着眼于国家安全和经济社会发展需要,自主建设、独立运行的卫星导航系统,是为全球用户提供定位、导航和授时服务的国家重要空间基础设施[6]。

我国高度重视北斗系统的建设发展,自 20 世纪 80 年代开始探索适合我国国情的卫星导航系统发展道路。1994 年开始研制北斗导航实验系统(北斗一号),相继于 2000 年及 2003 年发射 3 颗轨道卫星,实现了区域性导航功能,完成了北斗导航实验系统的组建。2004—2012 年共发射 14 颗卫星,完成了北斗二号系统建设,能够为亚太地区用户提供定位、测速、授时和短报文通信服务。2009 年启动北斗三号组网建设,并于 2020 年 6 月 23 日完成最后一颗全球组网卫星发射。至此北斗系统全球组网建成,能够为全球用户提供基本导航、全球短报文通信、国际搜救服务。我国及周边地区用户还可享有区域短报文通信、星基增强、精密单点定位等服务。

1. 组成

北斗系统组成结构与 GPS 相同,同样由空间段、地面段和用户段三部分组成(图 1-4)。可在全球范围内为各类用户提供导航、定位、授时服务。

(1)空间段。包括 3 颗静止轨道卫星和 30 颗非静止轨道卫星,30 颗非静止轨道卫星又细分为 27 颗中轨道(含 3 颗备份卫星)卫星和 3 颗倾斜地球同步轨道卫星。其中 27 颗中轨道卫星平均分布在倾角为 55°的 3 个平面上,轨道高度为 21500km。空间星座组成[6]如图 1-4 所示。

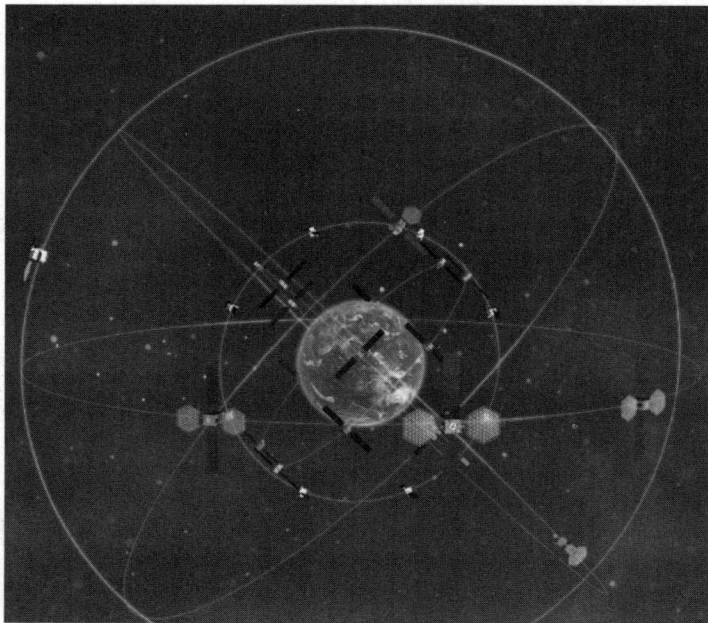

图 1-4　北斗卫星导航系统星系组成

（2）地面段。包括主控站、时间同步/注入站和监测站等若干地面站，以及星间链路运行管理设施，如图 1-5 所示。系统的地面段由主控站、注入站、监测站组成。主控站用于系统运行管理与控制等，从监测站接收数据并进行处理，生成卫星导航电文和差分完好性信息，而后交由注入站执行信息的发送。注入站用于向卫星发送信号，对卫星进行控制管理，在接收主控站的调度后，将卫星导航电文和差分完好性信息向卫星发送。监测站用于接收卫星的信号，并发送给主控站，可实现对卫星的监测，以确定卫星轨道，并为时间同步提供观测资料。

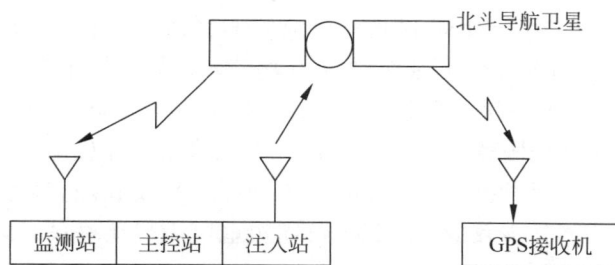

图 1-5　地面段

（3）用户段。包括北斗系统及兼容其他卫星导航系统的芯片、模块、天线等基础产品，以及终端设备、应用系统与应用服务等。用户端是专用于北斗系统的信号接收机，也可以是同时兼容其他卫星导航系统的接收机。接收机需要捕获并跟踪卫星的信号，根据数据按一定的方式进行定位计算，最终得到用户的经纬度、高度、速度、时间等信息。

2. 定位原理

北斗系统进行定位时，其定位过程大致可描述为：控制站首先向空间卫星发射信号，卫星接收到控制站信号后,通过转发器对信号进行传输,用户接收到卫星转发的信号后对其做出回应。然后,地面控制中心接收卫星转发的回应信号,并对信息进行归纳和分析。最后卫星将地面控制站分析后的结果传递给用户,得到最终位置信息。目前北斗系统大致可分为两种定位方式:单点定位和载波相位的双差组合方式。

北斗系统全面建成后,根据北斗卫星的星座分布及运行轨道情况,用户在地球表面的任意地点都可以同步观测到 4 颗以上的卫星。从接收的各卫星播发的导航电文中可以精确确定视野范围内的卫星空间位置,从而计算出用户接收机到卫星的空间距离。一般情况下,利用 3 颗卫星就可以组成 3 个基于星站距离的公式,3 组方程式就可以解算出用户接收机的位置,如图 1-6 所示。但是现实定位过程中,卫星时钟与接收机时钟之间也存在偏差。将该偏差作为未知量引入方程,利用 4 颗卫星组成 4 组方程式进行解算,消除时钟产生的偏差,以得到更精确的定位。上述方法即为北斗系统采用的"单点定位"方式。

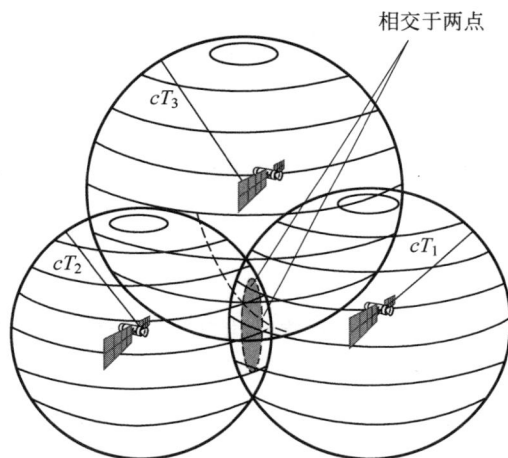

图 1-6　卫星定位原理

北斗系统与 GPS 同样面临载波相位整周模糊度的问题。北斗系统载波信号波长在 15~28cm 之间,所以通过确定载波相位观测值的整周模糊度,可以得到较为精准的卫星到用户接收机之间的空间距离,进而实现高精度定位。因此,北斗系统通常采用相对定位的方式对接收机进行导航定位。双差组合方式可以消除接收机钟差和卫星钟差,并大大削弱卫星星历误差、电离层延迟、对流层延迟等误差对定位结果的影响[3]。因此为提高定位精度,北斗导航系统采用载波相位双差组合的定位方式[7]。

1.5　我国卫星导航系统的导航性能

北斗系统可提供精度媲美 GPS 卫星导航系统的定位、测速和授时服务、导航服务,能够全天候、全天时地为全球用户提供服务。目前使用的北斗系统为北斗三号卫星导航系统,其定位精度较北斗二号系统提升了一倍。可实现全球定位,全球水平定位精度优于 2.5m,垂直定位精度优于 5m;全球测速精度为 0.2m/s,亚太地区精确至 0.1m/s;全球授时精度 20ns,亚太地区精确至 10ns;系统连续性提升至 99.998%。为提高北斗系统定位精度,上海某测绘院在原基于 GPS 的基础上,引用广州南方测绘仪器有限公司的技术资源,建立了基于北斗系统的上海 GNSS 连续运行参考站系统。该系统能够为上海及周边区域范围内的各单位用户提供高精度的差分定位服务,其水平方向的精度差异小于 3cm,垂直方向的精度差异小于 5cm,极大满足了上海及周边区域用户的定位需求。

北斗导航终端与 GPS、GALILEO 和 GLONASS 相比,优势如下:短信服务与导航结合,增加了通信功能;全天候快速定位,极少的通信盲区,精度与 GPS 相当,而在增强区域即亚太地区,精度甚至超过 GPS;在提供无源导航定位和授时等服务时,用户数量没有限制,且与 GPS 兼容[8]。

北斗星基增强服务、地基增强服务及精密单点定位服务是北斗系统的重要组成部分,按照"统一规划、统一标准、共建共享"的原则,整合国内地基增强资源,建立以北斗系统为主、兼容其他卫星导航系统的高精度卫星导航服务体系。利用北斗系统/GNSS 高精度接收机,通过地面基准站网,利用卫星、移动通信、数字广播等播发手段,在服务区域内提供 1~2m、分米级和厘米级实时高精度导航定位服务。北斗系统具有以下特点。

(1) 空间段采用 3 种轨道卫星组成的混合星座,与其他卫星导航系统相比高轨卫星更多,抗遮挡能力强,尤其是低纬度地区,性能特点更明显。

(2) 提供多个频点的导航信号,能够通过多频信号组合使用等方式提高服务精度。

(3) 创新融合导航与通信能力,具有实时导航、快速定位、精确授时、位置报告和短报文通信服务五大功能。

基于以上优势,我国的北斗系统正成为 GPS 系统的替代导航系统,且其在亚太地区有着较 GPS 更优越的定位性能,而其稳定性也不亚于 GPS 导航系统。北斗系统在我国各行业发挥着重要作用,尤其是在民用航空导航定位中作用显著。同时北斗系统的定位性能也得到国际社会的广泛认可。

2011 年 1 月,ICAO 第 192 次理事会以决议形式同意北斗系统逐步列入 ICAO 标准框架;为国际民航应用提供 B1I、B1C、B2a 3 种服务信号的策略获得认可;累计参加 ICAO 导航系统专家组(NSP)10 余次会议,基本完成了北斗系统 B1I 信号标准和建议措施草案核心内容修订;同时与工业界标准组织航空无线电技术委员会(RTCA)、欧洲民用航空设备组织(EUROCAE)建立了联系。北斗系统按照国际民航组织标准,服务中国及周边地区用户,支持单频及双频多星座两种增强服务模式,能够满足国际民航组织相关性能要求,为民用航空提供导航服务。

1.6 北斗卫星导航系统的应用

我国北斗卫星导航系统目前已经广泛应用于各行各业,深入生产生活中。其功能强大,具备导航、定位、短报文通信等功能,可以为人们的生活提供极大的便利。

(1) 交通运输方面。俗话说"要想福,先修路",可见交通在国家的经济发展、社会交流、人民生活中起到巨大作用。而北斗系统强大的导航、定位为交通运输的发展提供了新可能。陆地交通可以利用北斗系统实施车辆自主导航、车辆跟踪监控、车联网应用及铁路运营监控等;海洋交通中北斗系统可在远洋运输、内河航运、船舶停泊与入坞等方面发挥作用;航空方面北斗系统可为航空器提供航路导航、精密进近及机场场面监控等服务。北斗系统的高

精度导航定位功能促进了交通的发展、消费的释放、技术的革新和需求的开发。

（2）农业方面。我国人口众多，是粮食消耗大国，粮食安全关乎国计民生。粮食安全与国家安全、人民生活息息相关。北斗系统结合遥感、地理信息技术等，正在促使传统农业向智慧农业转变。对于降低生产成本，提高生产效率和劳动收益起着重要作用。北斗系统可应用于农田信息采集、土壤养分及分布调查、农作物施肥、农作物病虫害防治、特种作物种植区监控、农业机械无人驾驶、农田起垄播种、无人机植保等领域，高精度的北斗系统服务可补充农业机械化、无人化的不足。

（3）林业方面。自然资源中林业资源自古以来都为人类的发展提供各种资源。当前林业资源的合理使用更是与环保、经济发展相关。治理好林业，具有积极、重要的现实意义。而林区面积测算、木材量估算、巡林员巡林、森林防火、测定地区界限等应用离不开北斗系统。其中巡林员巡林和森林防火更需要利用北斗特有的短报文通信功能。特别是在国家林业资源普查中，北斗系统结合遥感等技术，可为普查的顺利进行提供巨大的助力。

（4）渔业方面。我国是渔业大国，海洋渔业水域面积达 300 多万 km^2，从事渔业生产的渔船和渔民数量巨大。北斗系统可为渔民提供出海导航、渔船出入港管理、海洋灾害预警等服务。尤其是北斗的特色短报文服务，更能为渔民提供与家人传递消息、为救灾人员提供信息的服务。北斗系统在渔业部门的应用，有力保障了渔民的生命安全、国家海洋经济的安全、海洋资源保护和海上主权的维护。

（5）公共安全方面。公共安全涉及面较广，其中包括反恐、维稳、警卫、安保等大量公安服务。然而这些服务具有较高的敏感性和保密性要求，GPS难以满足此类要求，推广北斗系统势在必行。基于北斗系统的公安信息系统，可实现警力资源动态调度、一体化指挥，大幅提高公安部门的响应速度和执行效率。公安方面主要应用于公安车辆的指挥调度、民警现场执法、应急时间的信息传输、公安授时服务等应用。

（6）防灾减灾方面。北斗系统的短报文特色服务与位置报告功能，可为防灾减灾工作提供有效助力。其中在灾害预警速报、救灾指挥调度、灾情通信等方面，可为提高灾害的应急救援反应速度和决策能力提供极大的支持。

（7）特殊关爱。特殊人群一般指老人、儿童及残疾人等生活中需要帮助和照顾的人群。北斗系统的导航功能能够形成电子围栏，可以对这些群体进行实时位置监控，有助于被监护人及时了解其所在位置，并在被监护人离开电子围栏时进行报警。北斗系统的短报文系统则可以实现紧急呼救功能，为保护特殊人群的生命安全起到重要作用[9]。

随着北斗卫星导航系统的兴起，其高精度的定位导航能力和短报文的通信能力正在不断应用于各生产生活领域，未来也将在各领域发挥更深远的作用。

习题

1. RNAV 与 RNP 导航规范的区别是什么？
2. 可用于进场、离场的区域导航规范有哪些？
3. 能够实施 PBN 导航规范的导航设施组合有哪几种？

与传统飞行程序设计相似，PBN 程序设计中同样需要参考飞机的类别、定位点容差、保护区、转弯参数、飞行技术容差及航段爬升下降梯度等基本参数。但与传统飞行程序设计的区别之处在于，PBN 程序设计的定位点及其容差、航段保护区及转弯保护区的划设方法。本章就 PBN 程序与传统程序中不同的参数进行探讨。

2.1　程序设计使用的速度

与传统飞行程序设计要求一样[10]，在 PBN 程序设计中，需要考虑飞机分类、保护区、转弯参数、飞行技术容差及航段下降梯度等参数。与传统飞行程序设计不同的是保护区划设方法。

2.1.1　航空器分类

航空器类型差异会影响机动飞行所需空域和能见度。不同类型的航空器飞行速度之间差异明显。为区别性能差异较大的航空器，考虑在航空器着陆外形最大允许着陆质量前提下，国际民航组织按航空器入口速度（V_{at}）将航空器分为 5 类。入口速度等于失速速度 V_{s0} 的 1.3 倍，或失速速度 V_{s1} 的 1.23 倍（两者取较大值）。

A 类：指示空速（IAS）小于 169km/h（91kn）。

B 类：IAS 为 169km/h（91kn）或以上，但小于 223km/h（120kn）。

C 类：IAS 为 224km/h（121kn）或以上，但小于 260km/h（140kn）。

D 类：IAS 为 261km/h（141kn）或以上，但小于 306km/h（165kn）。

E 类：IAS 为 307km/h（166kn）或以上，但小于 390km/h（210kn）。

H 类：直升机。

直升机采用固定翼飞机运行规范时，程序可划归 A 类。也可为直升机制作专门的直升机运行程序，并清楚地标注"H"，作为直升机程序标识。直升机专用程序的一些制作准则，如最小或最大空速、下降梯度和复飞/离场爬升梯度等标准，可能有所不同，但原则与 A 类固定翼飞机程序相同。

2.1.2 各航段使用的速度限制

国际民航组织根据航空器类别不同,为不同类别的航空器制定了不同的速度范围,作为进近程序设计的速度参考。各类别航空器进近各航段的机动飞行操纵指示空速(IAS)范围如表 2-1、表 2-2 所示。

表 2-1 航空器用于程序计算的速度   km/h

航空器类别	V_{at}	起始进近速度范围	最后进近速度范围	目视机动(盘旋)最大速度	复飞最大速度	
					中间	最后
A	<169	165~280(205*)	130~185	185	185	205
B	169~223	220~335(260*)	155~240	250	240	280
C	224~260	295~445	215~295	335	295	445
D	261~306	345~465	240~345	380	345	490
E	307~390	345~467	285~425	445	425	510
H	N/A	130~220**	110~165***	N/A	165	165
CAT H(Pins)***	N/A	130~220	110~165	N/A	130 或 165	130 或 165

*:反向和直角程序的最大速度

**:6000 英尺及以下的反向和直角程序的最大速度为 185km/h,6000 英尺以上为 205km/h

***:基于 GNSS 的直升机区域内参考点程序,基于运行需要,起始进近和中间进近使用最大速度 220km/h 进行设计,最后进近和复飞航段使用 165km/h,或起始和中间进近使用 130km/h,最后进近和复飞使用 130km/h

表 2-2 航空器用于程序计算的速度   kn

航空器类别	V_{at}	起始进近速度范围	最后进近速度范围	目视机动(盘旋)最大速度	复飞最大速度	
					中间	最后
A	<91	90~150(205*)	70~100	100	100	110
B	91~120	120~180(140*)	85~130	135	130	150
C	121~140	160~240	115~160	180	160	240
D	141~165	185~250	130~185	205	185	265
E	166~210	185~250	155~230	240	230	175
H	N/A	70~120**	60~90***	N/A	90	90
CAT H(Pins)***	N/A	70~120	60~90	N/A	70 或 90	70 或 90

*:反向和直角程序的最大速度

**:6000 英尺及以下的反向和直角程序的最大速度为 185km/h,6000 英尺以上为 205km/h

***:基于 GNSS 的直升机区域内参考点程序,基于运行需要,起始进近和中间进近使用最大速度 220km/h 进行设计,最后进近和复飞航段使用 165km/h,或起始和中间进近使用 130km/h,最后进近和复飞使用 130km/h

当受空域限制,不能满足以最大进近速度在目的机场实施进近运行程序时,应适当限制飞机的飞行速度,并按较低速度分类的飞机设计进近程序并限制使用该运行程序的飞机类别。若制作程序时不考虑限制飞机类别,可以规定最大指示空速作为限制条件,飞机执行该航段的飞行程序时,不得超过速度上限。

2.1.3 指示空速与真空速的换算

飞行程序设计过程中使用的速度为飞机相对空气的运动速度,即真空速(TAS),而真空速是通过空速表测定的。空速表测定的速度在修正仪表误差和空气动力误差后得到指示空速(IAS)。对 IAS 进行修正,可以得到 TAS。

在 IAS 修正为 TAS 的过程中,空气压缩性误差基本可以忽略不计,仅考虑空气密度误差。IAS 与 TAS 之间有如下关系:

$$TAS = IAS \times 171233 \times \frac{[(288 \pm VAR) - 0.006496H]^{0.5}}{(288 - 0.006496H)^{2.628}}$$

式中,H 为高度,m;VAR 为与国际标准大气的温度偏差,℃。

令

$$K = 171233 \times \frac{[(288 \pm VAR) - 0.006496H]^{0.5}}{(288 - 0.006496H)^{2.628}}$$

则公式可简化为

$$TAS = K \cdot IAS$$

【课堂实践练习】 某机场标高为 2000m,一架 A 类航空器在机场上空 500m 处做机动盘旋飞行,已知机场温度为 4℃,计算该航空器的 TAS。

解: 机场标高为 2000m,气温垂直递减率为 0.65℃ 每百米,标准海平面的 ISA 温度为 15℃。因此该机场标高处的 ISA 温度为 15℃－20×0.65℃＝2℃,ISA 偏差值为 4℃－2℃＝+2℃,即 VAR＝+2。

航空器在机场上空 500m 处飞行,因此航空器高度为 500m＋2000m＝2500m。

根据航空器类型在表格 2-1 中查找出机动盘旋的最大指示空速为 185km/h。

将航空器 ISA 偏差值、高度代入公式:

$$K = 171233 \times \frac{[(288 \pm VAR) - 0.006496H]^{0.5}}{(288 - 0.006496H)^{2.628}}$$

经过计算可得,K 为 1.1356。

最大指示空速为 185km/h,则 TAS＝IAS · K＝185km/h×1.1356＝210.09km/h。

2.2 PBN 程序设计中的航路点

2.2.1 PBN 航路点的分类

航路点用于确定一条区域导航航路或确定使用区域导航的航空飞行航迹而规定的地理位置。航路点有两种类型:一种为飞越航路点(fly-over way-point,FO),如图 2-1 所示;另一种为旁切航路点(fly-by way-point,FB),如图 2-2 所示。

飞越航路点要求在飞越该点后转弯并加入下一段航路或程序;旁切航路点则要求在到达该航路点之前转弯,加入下一段航路或程序。在程序设计中,除了少数几个航路点(复飞点、等待点等)为飞越航路点外,其他均采用旁切航路点。

图 2-1　飞越航路点　　　　　图 2-2　旁切航路点

2.2.2　两个连续航路点之间的最短航段距离

两个航路点之间应设置最短距离,使航空器飞越航路点转弯时,能够飞越航路点而非绕过航路点。因此两个连续航路点之间的最短距离为两个航路点各自最短稳定距离之和。最短稳定距离(minimum stabilization distance,MSD)是指完成一个机动转弯的最小距离,该距离之后可以开始下一航段飞行。

由于航路点分为飞越航路点和旁切航路点两种,因此,两个连续航路点的组合应包含以下 4 种:两个旁切航路点、旁切航路点接飞越航路点、两个飞越航路点及飞越航路点接旁切航路点。另外,还有一种特殊航段,即"DER 至第一个航路点"。

下面的方法建立在理论研究与仿真结果相结合的基础上。RNAV 与 PBN 导航系统之间存差并且使用的算法比较复杂,因而在建立理论公式时进行了简化处理。该方法目的不是为了确定保护区,而是为了确定标称航迹上两个航路点之间的最短距离。因此,在理论计算中没有考虑风的影响和航路点容差。

1. 航路点最短稳定距离的确定

在程序设计中,不论是飞越航路点还是旁切航路点,程序设计人员都要确定其最短稳定距离,即航路点和加入标称航迹的航迹切入点之间的距离,如图 2-3 所示[11]。

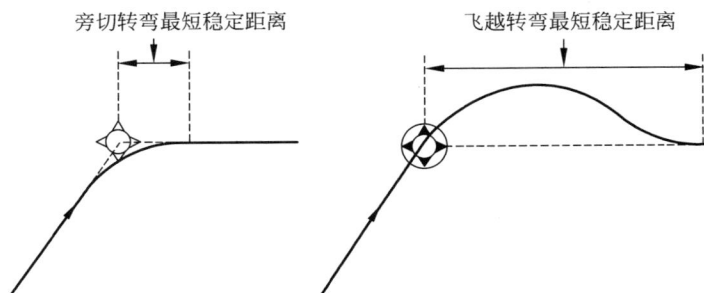

图 2-3　最短稳定距离

1) 确定航路点最短距离所需参数

进近程序的指示空速使用表 2-1 或表 2-2 所示的规定速度。如需对速度进行限制,则使用限制速度。将指示空速换算为真空速要考虑对程序进行保护的高度。离场程序的指示空速采用表 2-1 或表 2-2 中各类航空器的"最后复飞"速度(H 类为 165km/h,即 90kn)增加 10%。如需进行速度限制,其最小速度不低于"中间复飞"速度的 1.1 倍。坡度选择参考表 2-1 及表 2-2 所示。

2) 飞越航路点的最短稳定距离计算

为计算最短稳定距离,将飞越转弯分为以下部分:①从飞越点开始进入转弯;②以 30° 的切入角直接切入下一航段;③在新航道上改出转弯;④考虑 10s 的建立坡度延迟时间。

首先,确定飞越航路点的转弯坡度。

若航线改变大于或等于 50°(H 类航空器为 30°),确定最小稳定距离可以根据飞行阶段,分别假定第一个转弯的坡度为 15°、20° 或 25°,第二个转弯的坡度为 15°。若航线变化小于 50°(H 类航空器为 30°),则最小稳定距离等于航线变化 50°(H 类航空器为 30°)的计算值。

其次,建立飞越航路点转弯模型。

将其长度分为 5 段($L_1 \sim L_s$),飞越航路点的最短稳定距离为 $L_1 \sim L_s$ 5 段的长度总和,如图 2-4 所示。

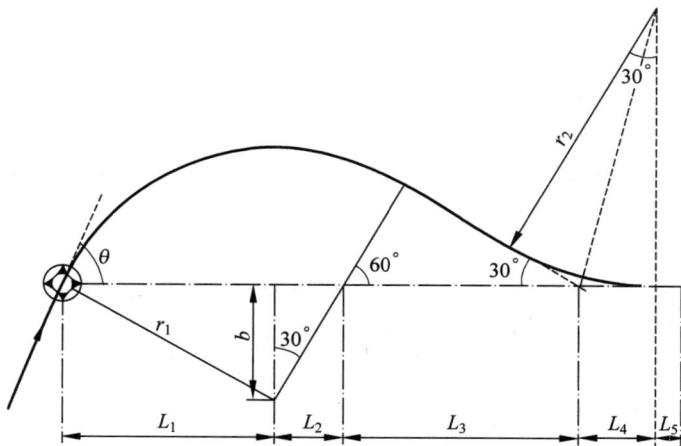

图 2-4　飞越航路点的最短稳定距离

其中,$L_1 \sim L_s$ 5 个部分的长度分别为

$$L_1 = r_1 \sin\theta$$

$$L_2 = r_2 \cos\theta \tan 30°$$

$$L_3 = r_1 [1/\sin\alpha - 2\cos\theta/\sin(90° - \alpha)]$$

$$L_4 = r_2 \tan(\alpha/2)$$

$$L_5 = cV/3600$$

$$L_5 = 5V/3600 (\text{H 类})$$

式中,$\alpha = 30°$,是与下一航段的切入角;θ 为转弯角度;c 为建立坡度时间,$c = 10 \text{s}$;r_1 为改入转弯半径;r_2 为改出转弯半径。

3) 旁切航路点最短稳定距离的计算

首先,确定旁切航路点的转弯坡度。

若航线改变大于或等于 50°(H 类航空器为 30°),确定最小稳定距离可以根据飞行阶段,假定转弯坡度等于 15°、20° 或 25°。若航线变化小于 50°(H 类航空器为 30°),则最小稳定距离等于航线变化 50°(H 类航空器为 30°)的计算值。

其次,建立旁切转弯模型。

旁切飞越航路点转弯模型由一个保持转弯半径不变的水平转弯构成,航段总长度为 L_1 和 L_2 的和,如图 2-5 所示。

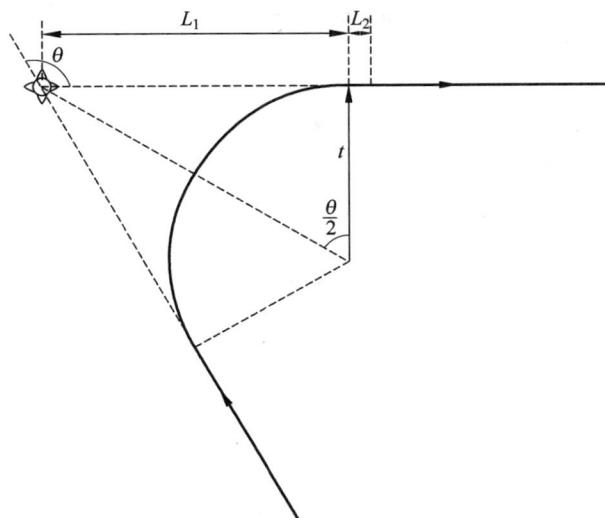

图 2-5　旁切航路点的最短稳定距离

　　其中，L_1 为航路点与转弯开始点之间的距离；L_2 考虑建立坡度 5s 时间延迟。延迟的时间比飞越航路点的时间短，因为航线改变角度较小。

$$L_1 = r\tan(\theta/2)$$
$$L_2 = cV/3600$$
$$L_2 = 3V/3600（\text{H 类}）$$

式中，c 为建立坡度的时间，$c=5\text{s}$；r 为转弯半径；θ 为转弯角度。

　　为提高飞行程序设计效率，降低程序设计人员的计算量，表 2-3 至表 2-14 为有关旁切航路点及飞越航路点提供了最短稳定距离的计算值，可查表获取相关数据。

2. 两个连续航路点间的航段最短距离

　　两个连续航路点的衔接可以分为 4 种方式，即两个连续旁切航路点（FB-FB），旁切航路点衔接飞越航路点（FB-FO），两个连续飞越航路点（FO-FO）；飞越航路点衔接旁切航路点（FO-FB）。

　　1）两个连续旁切航路点之间最短距离

　　对于第一个航路点（WP_1），根据坡度和真空速在表中找出最短稳定距离（A_1）。对于第二个航路点（WP_2），根据坡度和真空速在表中找出最短稳定距离（A_2）。则 WP_1 和 WP_2 之间的最短距离为 A_1+A_2。如图 2-6 所示。

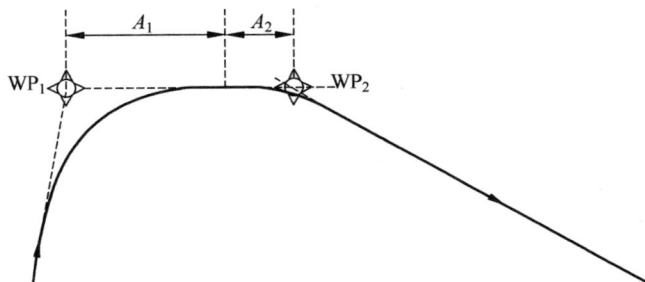

图 2-6　两个连续旁切航路点

17

2）旁切航路点衔接飞越航路点的最短距离

对于第一个航路点（WP_1），根据坡度和真空速在表中找出最短稳定距离（A_1）。由于第二个航路点是飞越航路点，故 WP_1 和 WP_2 之间最短距离为 $A_1+0=A_1$。如图 2-7 所示。

3）两个飞越航路点间最短距离

对于第一个航路点（WP_1），根据坡度和真空速在表中找出最短稳定距离（B_1）。由于第二个航路点是飞越航路点，故 WP_1 和 WP_2 之间的最短距离为 $B_1+0=B_1$。如图 2-8 所示。

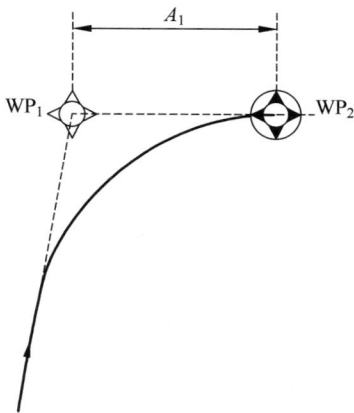

图 2-7　旁切航路点衔接飞越航路点

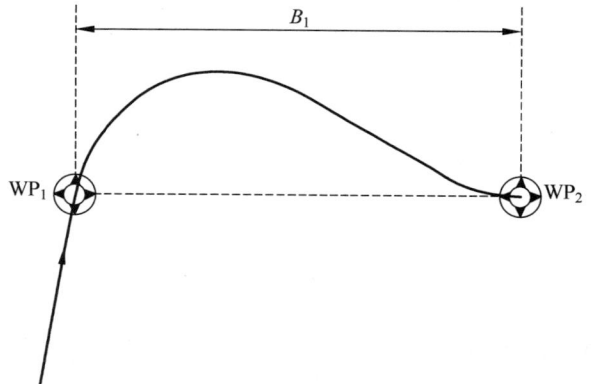

图 2-8　两个飞越航路点之间最短距离

4）飞越航路点衔接旁切航路点的最短距离

对于第一个航路点（WP_1），根据坡度和真空速在表中找出最短稳定距离（B_1）。对于第二个航路点（WP_2），根据坡度和真空速在表中找出最短稳定距离（A_2）。则 WP_1 和 WP_2 之间的最短距离为 B_1+A_2。如图 2-9 所示。

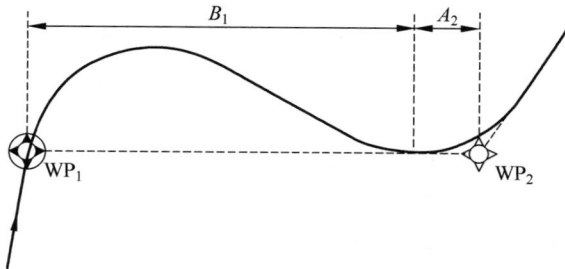

图 2-9　飞越航路点衔接旁切航路点的最短距离

3. 最短航段距离

作为转弯航路点，两航路点之间的最短稳定距离可以查表 2-3～表 2-14。

表 2-3　两旁切航路点之间的最短稳定距离（标准单位，15°坡度）

航向改变 /(°)	真空速/(km/h)														
	240	260	280	300	320	340	360	380	400	440	480	520	560	600	640
50	1.1	1.3	1.5	1.6	1.8	2.1	2.3	2.5	2.7	3.3	3.8	4.4	5.1	5.8	6.5

航向改变/(°)	真空速/(km/h)														
	240	260	280	300	320	340	360	380	400	440	480	520	560	600	640
55	1.2	1.4	1.6	1.8	2.0	2.2	2.5	2.7	3.0	3.6	4.2	4.9	5.6	6.3	7.2
60	1.3	1.5	1.7	1.9	2.2	2.4	2.7	3.0	3.3	3.9	4.6	5.3	6.1	6.9	7.8
65	1.4	1.6	1.9	2.1	2.4	2.6	2.9	3.2	3.5	4.2	5.0	5.8	6.6	7.6	8.6
70	1.5	1.8	2.0	2.3	2.5	2.8	3.2	3.5	3.8	4.6	5.4	6.3	7.2	8.2	9.3
75	1.6	1.9	2.2	2.4	2.8	3.1	3.4	3.8	4.2	5.0	5.9	6.8	7.8	8.9	10.1
80	1.8	2.0	2.3	2.6	3.0	3.3	3.7	4.1	4.5	5.4	6.3	7.4	8.5	9.7	11.0
85	1.9	2.2	2.5	2.8	3.2	3.6	4.0	4.4	4.9	5.8	6.9	8.0	9.2	10.5	11.9
90	2.0	2.3	2.7	3.1	3.5	3.9	4.3	4.8	5.3	6.3	7.4	8.7	10.0	11.4	12.9
95	2.2	2.5	2.9	3.3	3.7	4.2	4.7	5.2	5.7	6.8	8.1	9.4	10.8	12.4	14.0
100	2.3	2.7	3.1	3.6	4.0	4.5	5.0	5.6	6.2	7.4	8.7	10.2	11.8	13.4	15.2
105	2.5	2.9	3.4	3.9	4.4	4.9	5.5	6.1	6.7	8.0	9.5	11.1	12.8	14.6	16.6
110	2.7	3.2	3.7	4.2	4.7	5.3	5.9	6.6	7.3	8.7	10.3	12.1	13.9	15.9	18.1
115	3.0	3.5	4.0	4.6	5.2	5.8	6.5	7.2	7.9	9.5	11.3	13.2	15.2	17.4	19.8
120	3.3	3.8	4.4	5.0	5.7	6.4	7.1	7.9	8.7	10.5	12.4	14.5	16.7	19.1	21.7

如航迹改变不足 50°,则使用表中 50°对应的数值

表 2-4　两旁切航路点之间的最短稳定距离(标准单位,20°坡度)

航向改变/(°)	真空速/(km/h)														
	240	260	280	300	320	340	360	380	400	440	480	520	560	600	640
50	0.9	1.0	1.2	1.3	1.5	1.6	1.8	2.0	2.2	2.6	3.0	3.4	3.9	4.5	5.0
55	1.0	1.1	1.3	1.4	1.6	1.8	2.0	2.2	2.4	2.8	3.3	3.8	4.3	4.9	5.5
60	1.1	1.2	1.4	1.5	1.7	1.9	2.1	2.3	2.6	3.0	3.5	4.1	4.7	5.3	6.0
65	1.1	1.3	1.5	1.7	1.9	2.1	2.3	2.5	2.8	3.3	3.8	4.4	5.1	5.8	6.5
70	1.2	1.4	1.6	1.8	2.0	2.2	2.5	2.7	3.0	3.5	4.2	4.8	5.5	6.3	7.1
75	1.3	1.5	1.7	1.9	2.1	2.4	2.6	2.9	3.2	3.8	4.5	5.2	6.0	6.8	7.7
80	1.4	1.6	1.8	2.0	2.3	2.6	2.9	3.1	3.5	4.1	4.8	5.6	6.5	7.4	8.3
85	1.5	1.7	1.9	2.2	2.5	2.8	3.1	3.4	3.7	4.4	5.2	6.1	7.0	8.0	9.0
90	1.6	1.8	2.1	2.4	2.7	3.0	3.3	3.6	4.0	4.8	5.6	6.6	7.6	8.6	9.7
95	1.7	2.0	2.2	2.5	2.9	3.2	3.6	3.9	4.3	5.2	6.1	7.1	8.2	9.3	10.6
100	1.9	2.1	2.4	2.7	3.1	3.5	3.8	4.2	4.7	5.6	6.6	7.7	8.9	10.1	11.4
105	2.0	2.3	2.6	3.0	3.3	3.7	4.2	4.6	5.1	6.1	7.2	8.3	9.6	11.0	12.4
110	2.2	2.4	2.8	3.2	3.6	4.0	4.5	5.0	5.5	6.6	7.8	9.1	10.5	11.9	13.5
115	2.3	2.7	3.0	3.5	3.9	4.4	4.9	5.4	6.0	7.2	8.5	9.9	11.4	13.0	14.8
120	2.5	2.9	3.3	3.8	4.3	4.8	6.4	5.9	6.5	7.9	9.3	10.8	12.5	14.3	16.2

20°或 3(°)/s
如航迹改变不足 50°,则使用表中 50°对应的数值

表 2-5　两旁切航路点之间的最短稳定距离（标准单位，25°坡度）

航向改变/(°)	真空速/(km/h)														
	240	260	280	300	320	340	360	380	400	440	480	520	560	600	640
50	0.9	1.0	1.1	1.2	1.3	1.4	1.5	1.7	1.8	2.1	2.5	2.8	3.2	3.7	4.1
55	1.0	1.1	1.2	1.2	1.3	1.5	1.6	1.8	2.0	2.3	2.7	3.1	3.5	4.0	4.6
60	1.1	1.2	1.2	1.3	1.4	1.6	1.8	1.9	2.1	2.5	2.9	3.4	3.8	4.3	4.9
65	1.1	1.2	1.3	1.4	1.5	1.7	1.9	2.1	2.3	2.7	3.1	3.6	4.1	4.7	5.3
70	1.2	1.3	1.4	1.5	1.7	1.8	2.0	2.2	2.4	2.9	3.4	3.9	4.5	5.1	5.7
75	1.3	1.4	1.5	1.6	1.8	2.0	2.2	2.4	2.6	3.1	3.6	4.2	4.8	5.5	6.2
80	1.4	1.5	1.6	1.8	1.9	2.1	2.3	2.5	2.8	3.4	3.9	4.6	5.2	5.9	6.7
85	1.5	1.6	1.8	1.9	2.0	2.3	2.5	2.8	3.0	3.6	4.2	4.9	5.6	6.4	7.2
90	1.6	1.7	1.9	2.0	2.2	2.4	2.7	3.0	3.3	3.9	4.6	5.3	6.1	6.9	7.8
95	1.7	1.9	2.0	2.2	2.3	2.6	2.9	3.2	3.5	4.2	4.9	5.7	6.6	7.5	8.4
100	1.9	2.0	2.2	2.3	2.5	2.8	3.1	3.4	3.8	4.5	5.3	6.2	7.1	8.1	9.1
105	2.0	2.2	2.3	2.5	2.7	3.0	3.3	3.7	4.1	4.9	5.7	6.7	7.7	8.7	9.9
110	2.2	2.3	2.5	2.7	2.9	3.3	3.6	4.0	4.4	5.3	6.2	7.2	8.3	9.5	10.8
115	2.3	2.5	2.7	2.9	3.2	3.5	3.9	4.4	4.8	5.7	6.8	7.9	9.1	10.4	11.7
120	2.5	2.7	3.0	3.2	3.4	3.9	4.3	4.7	5.2	5.3	7.4	8.6	9.9	11.4	12.9

20°或 3(°)/s
如航迹改变不足 50°，则使用表中 50°对应的数值

表 2-6　两飞越航路点之间的最短稳定距离（标准单位，15°坡度）

航向改变/(°)	真空速/(km/h)														
	240	260	280	300	320	340	360	380	400	440	480	520	560	600	640
50	3.9	4.5	5.2	5.9	6.7	7.5	8.3	9.2	10.1	12.1	14.3	16.7	19.2	22.0	24.9
55	4.2	4.9	5.6	6.4	7.2	8.0	9.0	9.9	10.9	13.1	15.5	18.1	20.8	23.8	27.0
60	4.5	5.2	6.0	6.8	7.7	8.6	9.6	10.7	11.8	14.1	16.7	19.4	22.4	25.6	29.1
65	4.8	5.6	6.4	7.3	8.2	9.2	10.3	11.4	12.6	15.1	17.9	20.8	24.0	27.5	31.1
70	5.1	5.9	6.8	7.7	8.8	9.8	11.0	12.1	13.4	16.1	19.0	22.2	25.6	29.3	33.2
75	5.4	6.3	7.2	8.2	9.3	10.4	11.6	12.9	14.2	17.1	20.2	23.6	27.2	31.1	35.3
80	5.7	6.6	7.6	8.6	9.8	11.0	12.2	13.6	15.0	18.0	21.3	24.9	28.7	32.9	37.3
85	5.9	6.9	7.9	9.1	10.2	11.5	12.8	14.3	15.7	18.9	22.4	26.2	30.2	34.6	39.3
90	6.2	7.2	8.3	9.4	10.7	12.0	13.4	14.9	16.5	19.8	23.4	27.4	31.6	36.2	41.1
95	6.4	7,5	8.6	9.9	11.1	12.5	14.0	15.5	17.2	20.6	24.4	28.6	33.0	37.8	42.9
100	6.7	7.8	9.0	10.2	11.6	13.0	14.5	16.1	17.8	21.4	25.4	29.7	34.3	39.2	44.5
105	6.9	8.0	9.3	10.6	12.0	13.4	15.0	16.7	18.4	22.2	26.2	30.7	35.5	40.6	46.1
110	7.1	8.3	9.5	10.9	12.3	13.8	15.5	17.2	19.0	22.8	27.0	31.6	36.6	41.8	47.5
115	7.3	8.5	9.8	11.2	12.6	14.2	15.9	17.6	19.5	23.4	27.8	32.5	37.5	43.0	48.8
120	7.4	8.7	10.0	11.4	12.9	14.5	16.2	18.0	19.9	24.0	28.4	33.2	38.4	44.0	49.9

如航迹改变不足 50°，则使用表中 50°对应的数值

表 2-7　两飞越航路点之间的最短稳定距离(标准单位,20°坡度)

航向改变 /(°)	真空速/(km/h)														
	240	260	280	300	320	340	360	380	400	440	480	520	560	600	640
50	3.2	3.7	4.2	4.8	5.4	6.0	6.6	7.3	8.1	9.7	11.4	13.2	15.2	17.4	19.6
55	3.4	3.9	4.5	5.1	5.7	6.4	7.1	7.9	8.7	10.4	12.2	14.2	16.4	18.7	21.2
60	3.7	4.2	4.8	5.4	6.1	6.9	7.6	8.4	9.3	11.4	13.1	15.3	17.6	20.1	22.7
65	3.9	4.4	5.1	5.8	6.5	7.3	8.1	9.0	9.9	11.8	14.0	16.3	18.8	21.4	24.2
70	4.1	4.7	5.4	6.1	6.9	7.7	8.6	9.5	10.5	12.6	14.8	17.3	19.9	22.8	25.8
75	4.3	4.9	5.7	6.4	7.3	8.1	9.1	10.0	11.1	13.3	15.7	18.3	21.1	24.1	27.3
80	4.5	5.2	5.9	6.8	7.6	8.6	9.5	10.6	11.7	14.0	16.5	19.3	22.2	25.4	28.8
85	4.7	5.4	6.2	7.1	8.0	9.0	10.0	11.1	12.2	14.7	17.3	20.2	23.3	26.6	30.2
90	4.9	5.6	6.5	7.4	8.3	9.4	10.4	11.6	12.7	15.3	18.1	21.1	24.4	27.8	31.6
95	5.1	5.9	6.7	7.7	8.7	9.7	10.8	12.0	13.3	15.9	18.8	22.0	25.4	29.0	32.9
100	5.3	6.1	7.0	7.9	9.0	10.1	11.2	12.4	13.7	16.5	19.5	22.8	26.3	30.1	34.1
105	5.5	6.2	7.2	8.2	9.3	10.4	11.6	12.9	14.2	17.0	20.2	23.5	27.2	31.1	35.2
110	5.6	6.4	7.4	8.4	9.5	10.7	11.9	13.2	14.6	17.5	20.7	24.2	28.0	32.0	36.3
115	5.8	6.6	7.6	8.6	9.7	10.9	12.2	13.5	15.0	17.9	21.1	24.8	28.7	32.8	37.2
120	5.9	6.7	7.7	8.8	10.0	11.2	12.5	13.8	15.3	18.4	21.7	25.4	29.3	33.5	38.1

20°或 3(°)/s
如航迹改变不足 50°,则使用表中 50°对应的数值

表 2-8　两飞越航路点之间的最短稳定距离(标准单位,25°坡度)

航向改变 /(°)	真空速/(km/h)														
	240	260	280	300	320	340	360	380	400	440	480	520	560	600	640
50	3.2	3.5	3.8	4.2	4.5	5.1	5.6	6.2	6.8	8.1	9.6	11.1	12.8	14.5	16.4
55	3.4	3.8	4.1	4.4	4.8	5.4	6.0	6.6	7.3	8.7	10.2	11.9	13.7	15.6	17.6
60	3.7	4.0	4.4	4.7	5.1	5.8	6.4	7.1	7.8	9.3	10.9	12.7	14.6	16.6	18.8
65	3.9	4.3	4.6	5.0	5.5	6.1	6.8	7.5	8.2	9.8	11.6	13.5	15.5	17.7	20.0
70	4.1	4.5	4.9	5.3	5.7	6.4	7.2	7.9	8.7	10.4	12.3	14.3	16.4	18.8	21.2
75	4.3	4.8	5.1	5.5	6.0	6.8	7.5	8.3	9.2	11.0	12.9	15.1	17.3	19.8	22.4
80	4.5	5.0	5.4	5.8	6.3	7.1	7.9	9.1	9.6	11.5	13.6	15.8	18.2	20.8	23.5
85	4.7	5.2	5.6	6.1	6.6	7.4	8.2	9.1	10.1	12.0	14.2	16.6	19.1	21.8	24.7
90	4.9	5.4	5.9	6.3	6.9	7.7	8.6	9.5	10.5	12.5	14.8	17.3	19.9	22.7	25.7
95	5.1	5.6	6.1	6.6	7.1	8.0	8.9	9.9	10.9	13.0	15.4	17.9	20.7	23.6	26.8
100	5.3	5.8	6.3	6.8	7.4	8.3	9.2	10.2	11.2	15.9	15.9	18.6	21.4	24.5	27.7
105	5.5	6.0	6.5	7.0	7.6	8.5	9.5	10.5	11.6	13.9	16.4	19.2	22.1	25.2	28.6
110	5.6	6.1	6.6	7.2	7.8	8.7	9.7	10.8	11.9	14.3	16.9	19.7	22.7	26.0	29.4
115	5.8	6.3	6.8	7.3	8.0	9.0	10.0	11.1	12.2	14.6	17.3	20.2	23.3	26.6	30.1
120	5.9	6.4	6.9	7.5	8.1	9.1	10.2	11.3	12.4	14.9	17.7	20.6	23.8	27.2	30.8

20°或 3(°)/s
如航迹改变不足 50°,则使用表中 50°对应的数值

表 2-9　两旁切航路点之间的最短稳定距离（非标准单位，15°坡度）

航向改变 /(°)	真空速/kn													
	130	140	150	160	170	180	190	200	210	220	240	260	280	300	340
50	0.6	0.7	0.8	0.9	1.0	1.1	1.2	1.3	1.4	1.5	1.8	2.1	2.4	2.7	3.4
55	0.7	0.7	0.8	0.9	1.1	1.2	1.3	1.4	1.5	1.7	2.0	2.3	2.6	3.0	3.7
60	0.7	0.8	0.9	1.0	1.1	1.3	1.4	1.5	1.7	1.8	2.1	2.5	2.9	3.2	4.1
65	0.8	0.9	1.0	1.1	1.2	1.4	1.5	1.7	1.8	2.0	2.3	2.7	3.1	3.5	4.5
70	0.8	0.9	1.1	1.2	1.3	1.5	1.6	1.8	2.0	2.1	2.5	2.9	3.4	3.8	4.9
75	0.9	1.0	1.1	1.3	1.4	1.6	1.8	1.9	2.1	2.3	2.7	3.2	3.7	4.2	5.3
80	1.0	1.1	1.2	1.4	1.6	1.7	1.9	2.1	2.3	2.5	3.0	3.4	4.0	4.5	5.7
85	1.0	1.2	1.3	1.5	1.7	1.9	2.1	2.3	2.5	2.7	3.2	3.7	4.3	4.9	6.2
90	1.1	1.3	1.4	1.6	1.8	2.0	2.2	2.5	2.7	2.9	3.5	4.0	4.7	5.3	6.8
95	1.2	1.4	1.5	1.7	2.0	2.2	2.4	2.7	2.9	3.2	3.8	4.4	5.0	5.8	7.3
100	1.3	1.5	1.7	1.9	2.1	2.3	2.6	2.9	3.1	3.4	4.1	4.7	5.5	6.2	8.0
105	1.4	1.6	1.8	2.0	2.3	2.5	2.8	3.1	3.4	3.7	4.4	5.2	5.9	6.8	8.7
110	1.5	1.7	2.0	2.2	2.5	2.8	3.1	3.4	3.7	4.1	4.9	5.6	6.5	7.4	9.5
115	1.6	1.9	2.1	2.4	2.7	3.0	3.3	3.7	4.1	4.4	5.3	6.1	7.1	8.1	10.3
120	1.8	2.0	2.3	2.6	3.0	3.3	3.7	4.0	4.4	4.9	5.8	6.7	7.8	8.9	11.4

如航迹改变不足 50°，则使用表中 50°对应的数值

表 2-10　两旁切航路点之间的最短稳定距离（非标准单位，20°坡度）

航向改变 /(°)	真空速/kn													
	130	140	150	160	170	180	190	200	210	220	240	260	280	300	340
50	0.5	0.6	0.6	0.7	0.8	0.9	0.9	1.0	1.1	1.2	1.3	1.6	1.9	2.1	2.6
55	0.5	0.6	0.7	0.8	0.8	0.9	1.0	1.1	1.2	1.3	1.5	1.8	2.0	2.3	2.9
60	0.6	0.6	0.7	0.8	0.9	1.0	1.1	1.2	1.3	1.4	1.7	1.9	2.2	2.5	3.1
65	0.6	0.7	0.8	0.9	1.0	1.1	1.2	1.3	1.4	1.5	1.8	2.1	2.4	2.7	3.4
70	0.7	0.7	0.8	0.9	1.0	1.2	1.3	1.4	1.5	1.7	1.9	2.3	2.6	2.9	3.7
75	0.7	0.8	0.9	1.0	1.1	1.2	1.4	1.5	1.6	1.8	2.1	2.4	2.8	3.2	4.0
80	0.8	0.8	1.0	1.1	1.2	1.3	1.5	1.6	1.8	1.9	2.3	2.6	3.0	3.4	4.4
85	0.8	0.9	1.0	1.2	1.3	1.4	1.6	1.7	1.9	2.1	2.4	2.8	3.3	3.7	4.7
90	0.9	0.9	1.1	1.2	1.4	1.5	1.7	1.9	2.1	2.2	2.6	3.1	3.5	4.0	5.1
95	0.9	1.0	1.2	1.3	1.5	1.7	1.8	2.0	2.2	2.4	2.8	3.3	3.8	4.3	5.5
100	1.0	1.1	1.3	1.4	1.6	1.8	2.0	2.2	2.4	2.6	3.1	3.6	4.1	4.7	6.0
105	1.1	1.2	1.4	1.6	1.7	1.9	2.1	2.4	2.6	2.8	3.3	3.9	4.5	5.1	6.5
110	1.2	1.3	1.5	1.7	1.9	2.1	2.3	2.6	2.8	3.1	3.6	4.2	4.9	5.6	7.1
115	1.3	1.4	1.6	1.8	2.1	2.3	2.5	2.8	3.1	3.3	4.0	4.6	5.3	6.1	7.7
120	1.4	1.6	1.8	2.0	2.2	2.5	2.8	3.1	3.3	3.7	4.3	5.0	5.8	6.7	8.5

20°或 3(°)/s
如航迹改变不足 50°，则使用表中 50°对应的数值

表 2-11　两旁切航路点之间的最短稳定距离（非标准单位，25°坡度）

航向改变/(°)	真空速/kn													
	130	140	150	160	170	180	190	200	210	220	240	260	280	300	340
50	0.5	0.5	0.6	0.6	0.7	0.7	0.8	0.9	0.9	1.0	1.2	1.3	1.5	1.7	2.2
55	0.5	0.6	0.6	0.7	0.7	0.8	0.9	0.9	1.0	1.1	1.3	1.5	1.7	1.9	2.4
60	0.5	0.6	0.7	0.7	0.8	0.8	0.9	1.0	1.1	1.2	1.4	1.6	1.8	2.0	2.6
65	0.5	0.7	0.7	0.8	0.8	0.9	1.0	1.1	1.2	1.3	1.5	1.7	1.9	2.2	2.8
70	0.6	0.7	0.8	0.8	0.9	1.0	1.1	1.2	1.3	1.4	1.6	1.8	2.1	2.4	3.0
75	0.6	0.8	0.8	0.9	0.9	1.0	1.1	1.2	1.3	1.5	1.7	2.0	2.3	2.6	3.2
80	0.7	0.8	0.9	0.9	1.0	1.1	1.2	1.3	1.4	1.6	1.8	2.1	2.4	2.8	3.5
85	0.7	0.9	0.9	1.0	1.1	1.2	1.3	1.4	1.6	1.7	2.0	2.3	2.6	3.0	3.8
90	0.7	0.9	1.0	1.1	1.1	1.3	1.4	1.5	1.7	1.8	2.1	2.5	2.8	3.2	4.1
95	0.8	1.0	1.1	1.1	1.2	1.4	1.5	1.6	1.8	1.9	2.3	2.7	3.1	3.5	4.4
100	0.8	1.1	1.2	1.2	1.3	1.5	1.6	1.8	1.9	2.1	2.5	2.9	3.3	3.8	4.8
105	0.9	1.2	1.2	1.3	1.4	1.6	1.7	1.9	2.1	2.3	2.7	3.1	3.6	4.1	5.2
110	1.0	1.3	1.3	1.4	1.5	1.7	1.9	2.1	2.3	2.5	2.9	3.4	3.9	4.4	5.6
115	1.1	1.4	1.5	1.6	1.7	1.8	2.0	2.2	2.5	2.7	3.2	3.7	4.2	4.8	6.1
120	1.2	1.5	1.6	1.7	1.8	2.0	2.2	2.4	2.7	2.9	3.5	4.0	4.6	5.3	6.7

20°或 3(°)/s
如航迹改变不足 50°，则使用表中 50°对应的数值

表 2-12　两飞越航路点之间的最短稳定距离（非标准单位，15°坡度）

航向改变/(°)	真空速/kn													
	130	140	150	160	170	180	190	200	210	220	240	260	280	300	340
50	2.1	2.4	2.8	3.1	3.5	3.9	4.3	4.7	5.2	5.7	6.7	7.8	9.0	10.2	13.0
55	2.3	2.6	3.0	3.4	3.8	4.2	4.6	5.1	5.6	6.1	7.2	8.4	9.7	11.1	14.1
60	2.4	2.8	3.2	3.6	4.0	4.5	5.0	5.5	6.0	6.6	7.8	9.1	10.4	11.9	15.2
65	2.6	2.0	3.4	3.8	4.3	4.8	5.3	5.9	6.4	7.0	8.3	9.7	11.2	12.8	16.3
70	2.8	3.2	3.6	4.1	4.6	5.1	5.7	6.2	6.9	7.5	8.9	10.3	11.9	13.6	17.4
75	2.9	3.4	3.8	4.3	5.4	5.4	6.0	6.6	7.3	7.9	9.4	11.0	12.7	14.5	18.5
80	3.1	3.5	4.0	4.6	5.1	5.7	6.3	7.0	7.7	8.4	9.9	11.6	13.4	15.3	19.5
85	3.2	3.7	4.2	4.8	5.4	6.0	6.6	7.3	8.0	8.8	10.4	12.2	14.1	16.1	20.5
90	3.4	3.9	4.4	5.0	5.6	6.3	6.9	7.7	8.4	9.2	10.9	12.7	14.7	16.8	21.5
95	3.5	4.0	4.6	3.2	5.8	6.5	7.2	8.0	8.8	9.6	11.4	13.3	15.3	17.5	22.4
100	3.6	4.2	4.8	5.4	6.1	6.8	7.5	8.3	9.1	10.0	11.8	13.8	15.9	18.2	23.3
105	3.7	4.3	4.9	5.6	6.3	7.0	7.9	8.6	9.4	10.3	12.2	14.3	16.5	18.9	24.1
110	3.9	4.4	5.1	5.7	6.4	7.2	8.0	8.8	9.7	10.6	12.6	14.7	17.0	19.4	24.8
115	4.0	4.6	5.2	5.9	6.6	74	8.2	9.1	10.0	10.9	12.9	15.1	17.4	10.0	25.5
120	4.0	4.7	5.3	6.0	6.8	7.5	8.4	9.3	10.2	11.1	13.2	15.4	17.8	10.4	26.1

如航迹改变不足 50°，则使用表中 50°对应的数值

表 2-13　两飞越航路点之间的最短稳定距离（非标准单位，20°坡度）

航向改变 /(°)	真空速/kn														
	130	140	150	160	170	180	190	200	210	220	240	260	280	300	340
50	1.7	2.0	2.2	2.5	2.8	3.1	3.4	3.8	4.1	4.5	5.3	6.2	7.1	8.1	10.3
55	1.9	2.1	2.4	2.7	3.0	3.3	3.7	4.1	4.4	4.9	5.7	6.6	7.6	8.7	11.1
60	2.0	2.2	2.5	2.9	3.2	3.6	3.9	4.3	4.8	5.2	6.1	7.1	8.2	9.3	11.9
65	2.1	2.4	2.7	3.0	3.4	3.8	4.1	4.6	5.1	5.5	6.5	7.6	8.7	10.0	12.7
70	2.2	2.5	2.9	3.2	3.6	4.0	4.4	4.9	5.4	5.9	6.9	8.1	9.3	10.6	13.5
75	2.3	2.6	3.0	3.4	3.8	4.2	4.7	5.2	5.7	6.2	7.3	8.5	9.8	11.2	14.3
80	2.5	2.8	3.2	3.6	4.0	4.5	4.9	5.4	6.0	6.5	7.7	9.0	10.3	11.8	15.1
85	2.6	2.9	3.3	3.7	4.2	4.7	5.2	5.7	6.2	6.8	8.1	9.4	10.9	12.4	15.8
90	2.7	3.0	3.4	3.9	4.4	4.9	5.4	5.9	6.5	7.1	8.4	9.8	11.3	13.0	16.5
95	2.8	3.1	3.6	4.0	4.5	5.1	5.6	6.2	6.8	7.4	8.8	10.2	11.8	13.5	17.2
100	2.9	3.3	3.7	4.2	4.7	5.2	5.8	6.4	7.0	7.7	9.1	10.6	12.2	14.0	17.8
105	3.0	3.4	3.8	4.3	4.8	5.4	6.0	6.6	7.3	7.9	9.4	10.9	12.6	14.4	18.4
110	3.0	3.4	3.9	4.4	5.0	5.6	6.2	6.8	7.5	8.2	9.7	11.3	13.0	14.9	19.0
115	3.1	3.5	4.0	4.5	5.1	5.7	6.3	7.0	7.7	8.4	9.9	11.6	13.3	15.3	19.5
120	3.2	3.6	4.1	4.6	5.2	5.8	6.4	7.1	7.8	8.5	10.1	11.8	13.6	15.6	19.9

20°或 3(°)/s

如航迹改变不足 50°，则使用表中 50°对应的数值

表 2-14　两飞越航路点之间的最短稳定距离（非标准单位，25°坡度）

航向改变 /(°)	真空速/kn														
	130	140	150	160	170	180	190	200	210	220	240	260	280	300	340
50	1.7	1.9	2.1	2.2	2.4	2.6	2.9	3.2	3.5	3.8	4.5	5.2	6.0	6.8	8.6
55	1.9	2.0	2.2	2.4	2.5	2.8	3.1	3.4	3.7	4.1	4.8	5.6	6.4	7.3	9.2
60	2.0	2.2	2.3	2.5	2.7	3.0	3.3	3.6	4.0	4.3	5.1	5.9	6.8	7.8	9.9
65	2.1	2.3	2.5	2.7	2.9	3.2	3.5	3.9	4.2	4.6	5.4	6.3	7.2	8.3	10.5
70	2.2	2.4	2.6	2.8	3.0	3.3	3.7	4.1	4.5	4.9	5.7	6.7	7.7	8.7	11.1
75	2.3	2.5	2.7	3.0	3.2	3.5	3.9	4.3	4.7	5.1	6.0	7.0	8.1	9.2	11.7
80	2.5	2.7	2.9	3.1	3.3	3.7	4.1	4.5	4.9	5.4	6.3	7.4	8.5	9.7	12.3
85	2.6	2.8	3.0	3.3	3.5	3.9	4.3	4.7	5.1	5.6	6.6	7.7	8.9	10.1	12.9
90	2.7	2.9	3.1	3.4	3.6	4.0	4.4	4.9	5.4	5.9	6.9	8.0	9.3	10.6	13.5
95	2.8	3.0	3.2	3.5	3.7	4.2	4.6	5.1	5.6	6.1	7.2	8.4	9.6	11.0	14.0
100	2.9	3.1	3.4	3.6	3.9	4.3	4.8	5.2	5.8	6.3	7.4	8.6	10.0	11.4	14.5
105	3.0	3.2	3.5	3.7	4.0	4.4	4.9	5.4	5.9	6.5	7.7	8.9	10.3	11.7	15.0
110	3.0	3.3	3.6	3.8	4.1	4.5	5.0	5.6	6.1	6.7	7.9	9.2	10.6	12.1	15.4
115	3.1	3.4	3.6	3.9	4.2	4.7	5.2	5.7	6.2	6.8	8.1	9.4	10.8	12.4	15.8
120	3.2	3.4	3.7	4.0	4.3	4.8	5.3	5.8	6.4	7.0	8.2	9.6	11.1	12.6	16.1

20°或 3(°)/s

如航迹改变不足 50°，则使用表中 50°对应的数值

【例】 航空器以旁切转弯的方式飞越两相邻航路点,已知航空器真空速为 240kn,转弯坡度为 25°,航向改变分别为 60°和 50°,则两航路点之间最短距离为多少?

解:航空器以旁切方式转弯,且转弯坡度为 25°,则应当查找表 2-11。

第一个航路点的转弯最短稳定距离计算:

航空器的真空速为 240kn,航向改变 60°,通过查表得最短稳定距离为 1.4n mile。

第二个航路点的转弯最短稳定距离计算:

航空器的真空速为 240kn,航向改变 50°,通过查表得最短稳定距离为 1.2n mile。

因此,两航路点之间最短稳定距离为 1.4n mile+1.2n mile=2.6n mile。

2.3 航路点定位容差

PBN 程序中航路点的定位容差成为总系统容差。总系统容差(total system error, TSE)是指飞机实际位置相对于期望位置的偏差,其容差主要由导航系统容差、飞行技术容差和航径定义容差 3 部分组成。

(1)导航系统容差。是指真实位置与估计位置之间的差值,由导航系统性能决定。使用卫星设备作为导航系统的 PBN 程序中,导航系统容差是常量 0.08n mile;而使用 VOR/DME 或 DME/DME 作为导航系统的 PBN 程序中,导航系统误差为变量,需进行计算得到。

(2)飞行技术容差。是指飞机控制的精度,根据飞机指示位置与期望位置之间的差异确定。飞行技术容差并不包括误操作引起的偏差。对于 RNAV 导航规范而言,其飞行技术容差为要求导航精度的一半。对于 RNP 而言,分两种情况:当 RNP 小于 0.5 时,飞行技术容差为 RNP 值的一半;当 RNP 大于 0.5 时,飞行技术容差为固定值 0.25n mile(463m)。

(3)航径定义容差。是指定义航径与要求航径之间的差别,其值为固定值 0.25n mile,一般可忽略不计。

航路点定位容差与传统程序中的定位点容差相同,按照 2SD 即标准差确定,表示假定飞机在定位点位置和可接受的概率(95%)。PBN 导航规范中航路点的容差区用沿航迹容差(ATT)和偏航容差(XTT)表示。沿航迹容差为机载和地面设备容差产生的沿航迹方向的容差,偏航容差则是由机载和地面设备及飞行技术产生的垂直于标称航迹方向的定位容差。如图 2-10 所示。

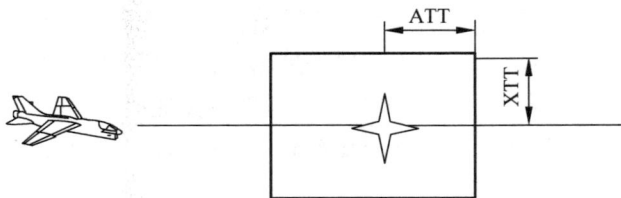

图 2-10 航路点容差

2.3.1 PBN 导航规范的航路点容差

由于 RNAV 与 RNP 使用了不同的导航规范及导航源,两者对于航路点容差的定义也有所区别。下面介绍两种导航规范中关于航路点容差的计算方法。

1. RNP 导航规范的航路点容差

RNP 导航规范的航路点容差区由偏航容差 XTT 和沿航迹容差 ATT 组成。由于 RNP 的导航源仅为 GNSS，因此其纵向容差 XTT 为 RNP 值。且偏航容差 XTT 由机载和地面设备容差和飞行技术容差组成，所以其大小等于 TSE。即 XTT＝TSE＝RNP 值。

RNP 导航的沿航迹容差 ATT 由机载和地面设备容差组成，并不包含飞行技术容差。因此规定 ATT 的大小为 XTT 的 0.8 倍，即 ATT＝0.8XTT。

2. RNAV 导航规范的航路点容差

利用 DME/DME 作为导航源的 RNAV 导航规范航路点容差包含 ATT 与 XTT 两部分。XTT 的容差值分两种情况进行讨论。

当 RNAV 导航规范中的 FTE 超过 GNSS 接收器的完整性监视警告（integrity monitor alarm，IMAL）值时，XTT 大小等于总系统容差值：即 FTE $\geqslant$ IMAL 时，XTT＝$\sqrt{NSE^2+FTE^2+ST^2}$，其中 NSE 为两台 DME 定位物质估计误差（基于 95％包容概率）$2\sigma=\sqrt{\sigma+\sigma FTE^2+\sigma ST^2}\sigma$，一般情况下取 0；ST 为计算容差，其取值为常数 0.25n mile。

当 RNAV 导航规范中的 FTE 小于 IMAL 值时，XTT 大小等于 IMAL 值。IMAL 的取值与飞行阶段有关：航路巡航阶段，IMAL 取值为 2.0n mile（3.7km）；终端区阶段，IMAL 的取值为 1n mile（1.852km）；进近阶段，IMAL 的取值为 0.3n mile（0.54km）。

RNAV 导航规范中的沿航迹方向容差（ATT）由机载和地面设备容差组成，并不包含飞行技术容差，因此规定 ATT 的大小为 XTT 的 0.8 倍，即 ATT＝0.8XTT。

3. 各航路阶段的导航规范及保护区半宽

在 PBN 程序设计中，各航段适用的 PBN 导航规范不尽相同[12]。

RNAV10：用于支持航路飞行阶段的 RNAV 运行。

RNAV5：用于支持大陆空域航路阶段飞行的 RNAV 运行。

RNAV1 和 2：用于支持航路阶段飞行、标准仪表离场、标准仪表进场和进近至最后进近定位点（final approach fix，FAF）或最后进近点（final approach point，FAP）的 RNAV 运行。

RNP4：用于支持在海洋或偏远区域空域基于纵向距离最低间隔标准的航路阶段飞行的 RNAV 运行。

RNP2：用于支持洋区、偏远地区和大陆空域航路阶段飞行的 RNNP 运行。

RNP1：用于支持标准仪表离场、标准仪表进场和进近到 FAF/FAP 的 RNP 运行，没有或有限的空中交通监视服务限制，用于低到中等程度的交通流量。

高级 RNP（ARNP）：用于支持大陆空域航路、标准仪表离场、标准仪表进场和进近程序的 RNP 运行。

RNP0.3：用于支持最后进近至复飞点（missed approach point，MAPt）的 RNP 运行。

RNP APCH：用于支持 RNP 进近运行。

RNP AR APCH：用于支持 RNP 进近运行，包括有直线和/或固定半径航段的最后进近航段。

RNAV 和 RNP 偏航容差来源于 NSE 和 FTE。它们都被当作高斯分布进行处理，并由

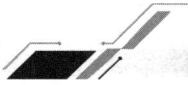

这两个误差的 RSS 确定(对于基于 GNSS 的 RNP 系统,NSE 较小,FTE 是主要组成部分)。然而,众所周知,除其他误差外,包括偏航容差的分布都不是真正的高斯分布,而且如果没有一组大量的数据,该分布的末端是无法精确确定的,而这样的数据也是不可能得到的。因此,在所有 PBN 应用的程序设计标准中,处理该末端分布的方法是增加一个"缓冲值"(buffer value,BV),RNP AR 除外。该值是基于航空器特性(速度、机动性等)和飞行阶段(驾驶员反应时间、使用时间等),用于处理超出 3 倍标准偏差值(3σ)的情况,其赋值如表 2-15 所示。

表 2-15 不同飞行阶段的 BV

飞 行 阶 段	A~E 类 BV	H 类 BV
航路,SIDs 和 STARs(离场或目的地距机场参考点即 ARP 大于或等于 56km(30n mile))	3704m(2.0n mile)	1852m(1.0n mile)
终端(STARs,起始和中间进近距 ARP 小于 56km (30n mile);SIDs 和复飞距 ARP 小于 56km(30n mile) 但大于 28km(15n mile))	1852m(1.0n mile)	1296m(0.7n mile)
最后进近	926m(0.n mile)	648m(0.35n mile)
复飞和 SIDs 距 ARP 达到 28km(15n mile)	926m(0.5n mile)	648m(0.35n mile)

所有 RNAV 和 RNP 应用(除 RNP AR 外)中的超障区半宽(1/2AW)都是基于下式计算得出的:1/2AW=1.5XTT+BV。各航段不同导航规范的保护区半宽如表 2-16 至表 2-19 所示。

表 2-16 保护区半宽　　　　　　　　　　　　　　　　　　　　　　　m

导 航 规 范	运 行 范 围	XTT	ATT	1/2AW
RNP4	航路/SID/STAR >56km[a]	7408	5926	14820
RNP2	航路/SID/STAR >56km	3704	2963	9260
RNP1	SID/STAR >56km	1852	1482	6482
	SID/STAR <56km	1852	1482	4630
	SID <28km	1852	1482	3704
RNP0.3	航路/SID/STAR >56km	556	444	2685
	SID/STAR/IF/FAF/ 复飞≤56km	556	444	2130
	SID/复飞 <28km	556	444	1482
RNAV1 和 RNAV2	>56km	3700	2960	7400
	<56km	1850	1480	407
	<28km	1850	1480	3420

续表

导 航 规 范	运 行 范 围	XTT	ATT	1/2AW
RNP APCH	IF/IAF/复飞 <56km	1852	1482	4630
	FAF	556	444	2685
	MAPt/起始直线 起飞(仅 LP/LPV)	556	444	1759
	复飞 <28km	1852	1482	3704
RNAV5	航路 >56km	4650	3720	10690

表 2-17　保护区半宽　　　　　　　　　　　　　　　n mile

导 航 规 范	运行范围(SID)	XTT	ATT	1/2AW
RNP4	航路/SID/STAR >30n mile	4.00	3.20	8.00
RNP2	航路/SID/STAR >30n mile	2.00	1.60	5.00
RNP1	SID/STAR >30n mile	1.00	0.80	3.50
	SID/STAR <30n mile	1.00	0.80	2.50
	SID <15n mile	1.00	0.80	2.00
RNP0.3	航路/SID/STAR >30n mile	0.30	0.24	1.45
	SID/STAR/IF/FAF/ 复飞<30n mile	0.30	0.24	1.15
	SID/复飞 <15n mile	0.30	0.24	0.80
RNAV1 和 RNAV2	航路/SID/STAR >30n mile	2.00	1.60	5.00
	SID/STAR/IF/FAF <30n mile	1.00	0.80	2.50
	SID<15km	1.00	0.80	2.00
RNP APCH	IF/IAF/复飞 <30n mile	1.00	0.80	2.50
	FAF	0.30	0.24	1.45
	MAPt/起始直线 起飞(仅 LP/LPV)	0.30	0.24	0.95
	复飞 <15n mile	1.00	0.80	2.00
RNAV5	>30n mile	2.51	2.01	5.77

表 2-18　高级 RNP 的保护区半宽　　　　　　　　　　　　　　　　　m

高级 RNP		2	1	0.3
航路	XTT	3704	1850	
	ATT	2964	1482	
	1/2AW	9260	6482	
STAR/SID >56km	XTT		1852	
	ATT		1482	
	1/2AW		6482	
STAR/SID <56km IAF/IF/复飞	XTT		1852	
	ATT		1482	
	1/2AW		4630	
FAF	XTT			556
	ATT			444
	1/2AW			2685
MAPt	XTT			556
	ATT			444
	1/2AW			1759
复飞/SID <28km	XTT		1852	
	ATT		1482	
	1/2AW		3704	

表 2-19　进场保护区半宽　　　　　　　　　　　　　　　　　n mile

高级 RNP		2	1	0.3
航路	XTT	2.00	1.00	
	ATT	1.60	0.80	
	1/2AW	5.00	3.50	
STAR/SID >30n mile	XTT		1.00	
	ATT		0.80	
	1/2AW		3.50	
STAR/SID <30n mile IAF/IF/复飞	XTT		1.00	
	ATT		0.80	
	1/2AW		2.50	
FAF	XTT			0.30
	ATT			0.24
	1/2AW			1.45
MAPt	XTT			0.30
	ATT			0.24
	1/2AW			0.95
复飞/SID <25n mile	XTT		1.00	
	ATT		0.80	
	1/2AW		2.00	

【例】 航空器在 RNP1 导航规范条件下离场,距离机场 15～30n mile 范围内时,其保护区半宽应为多少? 距离机场 30n mile 以外时,其保护区半宽为多少?

解:RNP1 导航规范的纵向容差 XTT 即为 RNP 值,所以 XTT=1。

航空距离机场 15～30n mile,此时的 BV 值为 1。

保护区半宽 1/2AW=1.5XTT+BV=1.5n mile+1n mile=2.5n mile。

当航空器运行到距离机场 30n mile 以外时,其 BV 值发生变化,改变为 2。

而 XTT 依旧等于 RNP 值,即 XTT=RNP 值=1。

保护区半宽 1/2AW=1.5XTT+BV=1.5n mile+2n mile=3.5n mile。

2.3.2 PBN 导航规范的航路保护区衔接

1. 不同宽度的航段衔接

直线航段的保护区宽度发生变化时,需要将不同宽度保护区进行衔接,一般分为两种情况:保护区的缩减,较大保护半宽的值在指定航路点之后的一倍 ATT 处,以与标称航迹成 30°角收缩衔接至较小保护区半宽的值;保护区的扩张,较小保护半宽的值在指定航路点之前的一个 ATT 处,以与标称航迹成 15°角扩张衔接至较大保护区半宽的值。如图 2-11 所示。

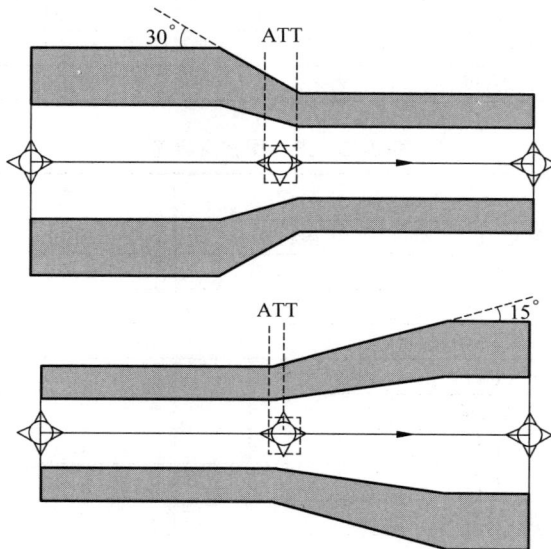

图 2-11 不同宽度保护区衔接

2. 飞行阶段间的保护区衔接

在进场和进近中,不同的航段采用不同的导航规范,保护区半宽也各不相同。

在飞行阶段和/或 XTT 的变更处,其区域宽度使用之前阶段的缓冲值,之后阶段的 XTT 值。

(1) 保护区缩减:当后续航段的区域宽度小于前一航段的区域宽度时,以变更(如 IF、FAF)处的区域宽度为固定点,用一条与标称航迹成 30°角的线实现衔接。主区的外侧边缘位于整个区域的一半。图 2-12 说明在 FAF 处的变更,在该处:

中间航段 1/2AW＝1.5XTT IF＋终端缓冲值

FAF 1/2AW＝1.5XTT FAF＋终端缓冲值

最后进近航段 1/2AW＝1.5XTT MAPt＋最后进近缓冲值

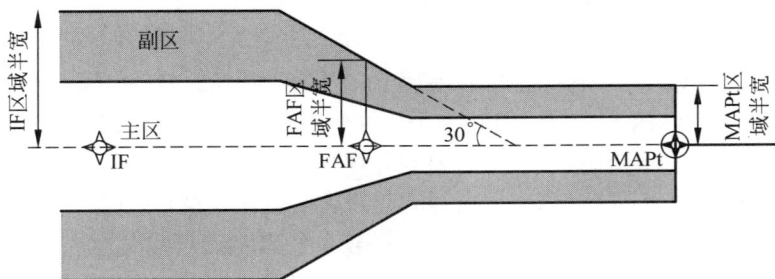

图 2-12　飞行阶段间的保护区缩减

（2）保护区扩张：后续航段的区域宽度大于前一航段的区域宽度时，在飞行阶段和/或 XTT 变更的最早边界处，从前一航段的区域宽度，以 15°扩张角扩张实现衔接。主区的外侧边占整个区域的一半。图 2-13 给出了说明。

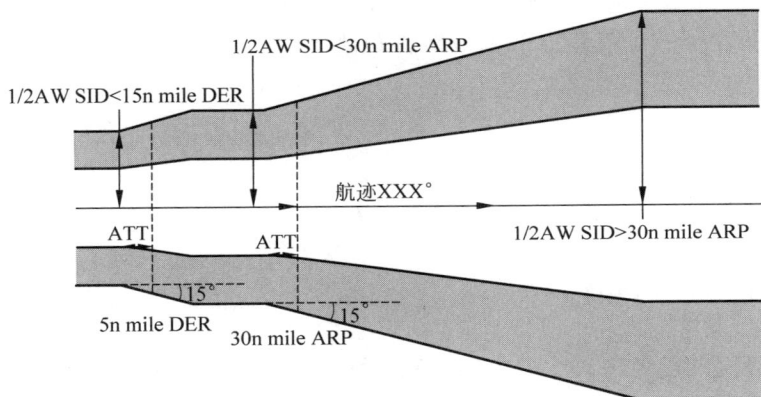

图 2-13　飞行阶段间的保护区扩张

【例】　航空器处于离场阶段，在距离机场 15n mile 以上飞行时，请计算出其保护区宽度变化及保护区的衔接方式。

解：保护区半宽计算，15～30n mile

1/2AW＝1.5XTT＋BV＝1.5n mile＋1n mile＝2.5n mile。

30n mile 以外的保护区半宽为 1/2AW＝1.5XTT＋BV＝1.5n mile＋2n mile＝3.5n mile。

保护区在 30n mile 处发生扩张，30n mile 处的 XTT 为 1n mile，即从 30n mile 之前 1n mile 的位置做 15°扩张角，扩张到 3.5n mile 半宽。

2.4　航径终止码种类

航径和终止码的定义：用于描述程序中某一航段的特定飞行航径类别和该飞行航径特定终止类别的两字代码。在机载数据库中，所有 PBN 的 SID、STAR 和进近航段都应指配航径终止码。

目前有 23 种不同的航径终止码定义在 ARINC424 中。但是,PBN 的程序设计只使用了其中的 11 种,另外还有一种航径终止码,IF 航径终止码是在将程序编码进导航数据库时使用的。常用的 RNP 导航规范包含四种导航终止码:IF、TF、RF 和 HM。所有 PBN 程序设计的编码描述如下。

(1)起始定位点(IF)。PBN 程序的编码从一个 IF 开始。IF 并不定义一个期望的航迹,它自身也不是一个期望的航迹,但它与另一个航段类型(如 TF)结合使用,以确定期望的航径。在设计流程中不使用,并且不需要与程序描述一起公布。

(2)沿航迹至定位点(TF)。PBN 主要的直线航路航段是 TF 航路。TF 航路由两个航路点之间的大圆航径确定。这两个航路点中的第一个航路点可以是前一航段的终止航路点,也可以是一个 IF。中间和最后进近航段应始终是 TF 航路。当 FMS 要求在最后进近航段有一个 CF 时,数据库编码器可以用 CF 代替 TF。如图 2-14 所示。

(3)直飞至定位点(DF)。DF 用于确定一个从航空器当前航迹未指定位置开始至指定定位点/航路点的一个航段。DF 航径终止码不提供可预报的、可重复的飞行航径,在应用中变化也很大。DF 用于 FA、VA 或 CA 之后,DF 可有效地分散航迹在最宽的保护区,CA/DF 组合可用于将环境影响分散到起始离场。DF 还确保从转弯点(飞越航路点)或者从一个转弯高度飞行至下一个航路点的最短航迹距离。DF 的应用还受限于一些具体规定,如图 2-15 所示。

图 2-14　TF 航段

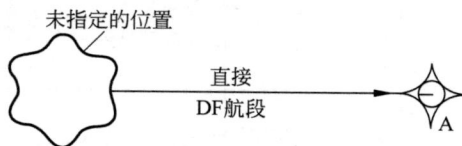

图 2-15　DF 航段

(4)至某高度的航径(CA)。CA 用于确定终止高度而不指定位置某出航航段的航向。为了防御 IRS 漂移,FA 作为 SID 的起始航径终止码更适合使用 CA 未指定的位置。如图 2-16 所示。

(5)至定位点的航径(CF)。CF 是沿着一指定航向的航段至一个定位点/航路点。CF 最初是最后进近航段唯一可以使用的航径终止码,目前许多区域导航系统仍然有此要求。通常在离场和复飞程序中 CA 或 FA 后使用 CF,可以有效地限制航迹的发散。CA/CF 组合可以有效地减少起始离场的环境影响。如图 2-17 所示。

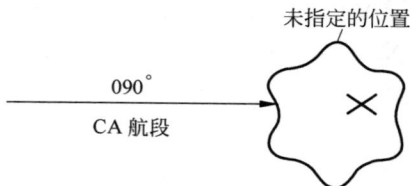

图 2-16　CA 航段

图 2-17　CF 航段

（6）从定位点至某高度的航向（FA）。FA 用于描述从一个定位点/航路点保持指定航线角（修正风的影响）飞至一个指定高度或以上的航段。高度点位置不固定。FA 航迹不提供可预见、可重复的飞行航径，由于终点不可知，但在复飞程序中是有用的航径终止码。如图 2-18 所示。

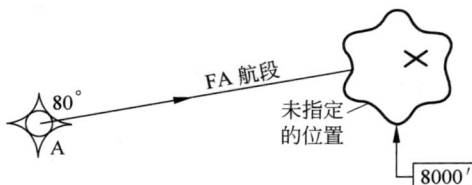

图 2-18　FA 航段

（7）从定位点至手动终止的航向（FM）。FM 在航段终止于雷达引导时使用，其功能与 VM 相同，航空器保持规定航向飞行，直至驾驶员介入。如图 2-19 所示。

图 2-19　FM 航段

（8）至手动终止的等待/直角航线（HM）。HM 用于确定由飞行机组人工操作终止的等待航线。如图 2-20 所示。

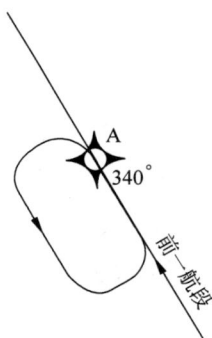

图 2-20　HM 航段

（9）固定半径至定位点（RF）。RF 航段是规定转弯中心周围的一个弧形航径，该航径终止于某一航路点。该弧线航段的起始点由前一航段的终止航路点确定。弧线航段末端的航路点、该航段的转弯方向及转弯中心点由导航数据库提供。由 RNAV 系统计算作为从转弯中心点至终止航路点距离的半径。可以为任何角度在 2°～300°之间的转弯确定一个唯一弧线。RF 功能一般仅在为达到 RNP～RNAV 要求而设计的系统中可用。如图 2-21 所示。

（10）至某高度（VA）的航向。VA 常用于为开始爬升指定一个航向面未指定航迹的离场。这个航段终止在一个没有终止位置的指定高度。仅用于要求航向的平行离场的起始航段 RNAV 设计中。如图 2-22 所示。

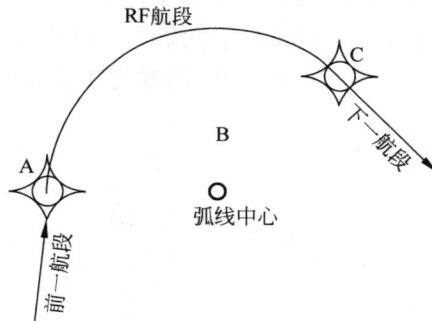

图 2-21　RF 航段

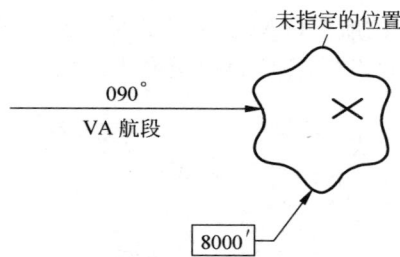

图 2-22　VA 航段

（11）至某切入点的航向（VI）。任何指定航空器航向直至其切入下一航段的地方都是VI 航段编码。航空器保持规定航向直至切入下一航段。如图 2-23 所示。

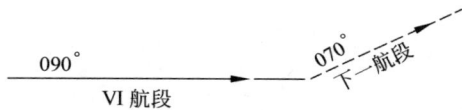

图 2-23　VI 航段

（12）至手动终止点的航向（VM）。在某一程序末端提供雷达引导的地方都可以按 VM 航段编码。其功能与 FM 相同。航空器保持规定航向飞行，直至驾驶员介入。如图 2-24 所示。

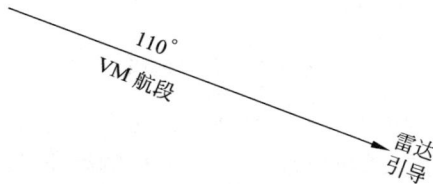

图 2-24　VM 航段

2.5　转弯相关参数及保护区范围的确定

转弯参数包括转弯速度（v）、转弯坡度（α）或转弯率（R）、转弯半径（r）等。飞机飞行占用的空间和时间由转弯半径和转弯率决定，而转弯半径及转弯率受限于转弯速度和坡度。

为保证飞机在转弯期间有足够的安全区域,程序设计时需考虑转弯坡度或转弯率。

飞机在不同航段的飞行要求不同,相应的航段转弯参数也不一样,各阶段的转弯参数如表 2-21 所示。

2.5.1　转弯相关参数

1. 转弯率

飞机转弯时,飞机横轴与地平线的夹角即飞机沿纵轴滚转的角度为转弯坡度(α),转弯坡度单位为度(°);单位时间内转过的角度为转弯率(R),转弯率单位为度/秒((°)/s)。转弯率与转弯坡度之间的关系如下:

$$R = \frac{6355\tan\alpha}{\pi V}$$

式中,V 为真空速,km/h。

$$R = \frac{3431\tan\alpha}{\pi v}$$

式中,v 为真空速,kn。

程序设计中可以根据不同航段的转弯坡度(表 2-21)计算转弯率,但当转弯率的计算值超过 3(°)/s 时,一律采用 3(°)/s,并使用 3(°)/s 对应的转弯坡度。

2. 转弯半径

无风条件下,可根据给定的转弯坡度计算转弯半径(r),转弯半径单位为 km 或 n mile。当给定的转弯率大于 3(°)/s 时,按照 3(°)/s 进行计算。转弯半径公式为

$$r = \frac{V}{20\pi R}$$

式中,V 为真空速(真空速单位为 km/h 时,转弯半径单位为 km;真空速单位为节时,转弯半径单位为 n mile)。

在程序设计过程中,程序设计员需根据不同的转弯类型、转弯角度和飞行航段采用不同的转弯保护区设置方法。影响转弯保护区的参数有转弯速度(指示空速,见表 2-1 或表 2-2)、转弯高度及温度、转弯坡度、外界风速、定位容差及飞行技术容差,如表 2-20 所示。

例如,某机场复飞最后阶段转弯高度为 1500m,温度为 ISA＋15℃,各类机型转弯参数计算结果如表 2-21 所示。

【例】　导航规范为 RNP1,C 类航空器从 200m 标高的机场以 2.5％的爬升梯度复飞,爬升至距机场跑道出口 5000m 进行转弯,转弯角度为 90°,请确定航空器最早转弯点、最晚转弯点及飞行航迹。

解:

1)计算航空器复飞真空速

由表 2-1 可知,航空器复飞 IAS 为 295km/h。

航空器转弯高度为 2.5％×5000m＋200m＝325m。

可计算出航空器在转弯高度 $K = 171233 \times \dfrac{\left[(288\pm\text{VAR}) - 0.006496H\right]^{0.5}}{(288 - 0.006496H)^{2.628}}$。

表 2-20　各航段的转弯参数

航段或转弯定位点	速度(IAS)ᵃ	高度/高	风	坡度角ᵇ	C(s) 建立坡度时间	FTT(s) 反应时间	出航时间容差	航向容差
离场	最后复飞 IAS+10%，见表2-1或表2-2	指定高度/高转弯：指定的高度/高；在转弯点转弯：A/D标高+到DER距离10%的高	风螺旋线用95%全向风或56km/h (30kn)	计算转弯保护区采用15°；建立平均飞行航迹：305m以下为15°，305~915m为20°，915m以上为25°	3	3	不适用	不适用
航路	585km/h(315kn)	指定高度	95%概率的风或ICAO标准风ᶜ	15°	5	10	不适用	不适用
起始进近：反向、直角程序	表2-1或表2-2	指定高度	ICAO标准风ᶜ或统计风	25°	5	6	10	5
起始进近：DR 推测航迹	A，B类：165~335km/h（90~180kn）C,D,E类：335~465km/h（180~250kn）	A,B类：1500m；C,D,E类：3000m	ICAO标准风ᶜDR段：56km/h(30kn)	25°	5	6	不适用	5

续表

航段或转弯定位点	速度(IAS)ᵃ	高度/高	风	坡度角ᵇ	FTT(s)			航向容差
					C(s)		出航时间容差	
					建立坡度时间	反应时间		
IAF, IF,FAF	IAF,IF转弯用起始进近速度；FAF转弯用最后进近最大速度。见表2-1或表2-2	指定高度	95%概率的风 或 56km/h(30kn)	25°	5	6	不适用	不适用
复飞	见表2-1或表2-2	机场标高+300m	56km/h(30kn)	15°	3	3	不适用	不适用
使用预定航迹的目视机动飞行	见表2-1或表2-2	机场标高+300m	56km/h(30kn)	25°	不适用	不适用	不适用	不适用

a. 有关本表中参数的特殊应用,见相应各章。

b. 除使用规定航迹的目视机动飞行以外,与本表中各坡度值对应的转弯率不得大于 3(°)/s。

c. 实际操作中需要避开障碍物时,速度可降至中间复飞指示空速的 110%,且需注明"离场转弯限制在最大 IAS＿km/h(kn)"。

d. ICAO标准风=12h+87(km/h)(h 的单位为千米),2h+47(km/h)(h 的单位为千英尺)。

表 2-21　转弯参数计算结果

航空器类型	指示空速/ (km/h)	真空速/ (km/h)	转弯坡度/ (°)	转弯率/ ((°)/s)	转弯半径/ km	56 建立坡度 时间/s	飞行员反应 时间/s
A	205	226	15	2.39	1.51	3	3
B	280	309	15	1.75	2.81	3	3
C	445	492	15	1.10	7.10	3	3
D	490	541	15	1.00	8.60	3	3

$$K = 1.0421, \quad \text{TAS} = K \cdot \text{IAS} = 307.42 \text{km/h}$$

2）计算转弯半径

复飞的转弯坡度为 15°,可计算出转弯率为

$$R = \frac{6355 \tan \alpha}{\pi V} = 1.76$$

转弯半径可以根据转弯率计算得到：

$$r = \text{TAS}/20\pi R = 2.78 \text{km}$$

3）确定最早转弯点

固定转弯点转弯,最早转弯点为定位最早点,即 XTT：

$$\text{XTT} = \text{RNP 值} = 1 \text{n mile} = 1.852 \text{km}$$

4）确定最晚转弯点

最晚转弯点为定位点之后飞行员 3s 反应时间和 3s 建立坡度的时间,即 XTT＋6TAS＝1.852km＋0.512km＝2.364km

2.5.2　转弯保护区边界

转弯保护区的边界包括内边界及外边界,包括风螺旋/边界圆和圆弧法两种绘制方法。风螺旋/边界圆多用于确定转弯的外边界,用于修正转弯过程中风对飞机的影响。

PBN 转弯程序的绘制方法与传统程序不同,风螺旋/边界圆和圆弧法绘制的保护区应以主区边界为转弯保护的绘制起点。下面介绍转弯保护区中主区及副区的绘制方法。

风螺旋/边界圆的绘制方法

风螺旋/边界圆常用于以下三种情况：IAF、IF 处大于 30°的转弯,FAF 处大于 10°的转弯,复飞或离场航段转弯内侧。一般指定高度/高转弯也采用风螺旋/边界圆确定转弯边界。

1）风螺旋绘制方法

飞机转弯过程可根据各航段特定的指示空速、转弯坡度计算出飞机的真空速、转弯率及转弯半径。而转弯保护区还需要在无风转弯半径的基础上增加风对飞行轨迹的影响。因此转弯区外边界用一个无风转弯半径(r)获得的风螺旋线进行设计,最终风螺旋线使用 E_θ 创建,E_θ 是航向改变 θ 时间内风的影响。其计算公式为

$$E_\theta = \frac{\theta}{R} \frac{W}{3600}$$

式中,θ 为转弯角度,(°)；R 为转弯率,(°)/s；W 为风速,km/h 或 kn。

风螺旋以每一特定间隔计算的 E_θ 为基础(如 30°),减小间隔可以增加精确度,该设计以下面的步骤为基础(见图 2-25)。

首先,从转弯起始位置开始,每隔 θ 度在无风半径上确定一个无风点:a,b,c,$\cdots$,n。

其次,在垂直于无风半径(r)的地方,通过增加 E_θ 的距离,定位 b_1,c_1,$\cdots$,n_1。

再次,计算 b_2,c_2,$\cdots$,n_2 各点,它们位于 b_1,c_1,$\cdots$,n_1 前的反正弦角(w/V)上,对应 b,c,$\cdots$,n 点各自的 E_θ 距离。

最后,风螺旋线起始于无风半径上的 a 点,穿过 b_2,c_2,$\cdots$,n_2 而形成。

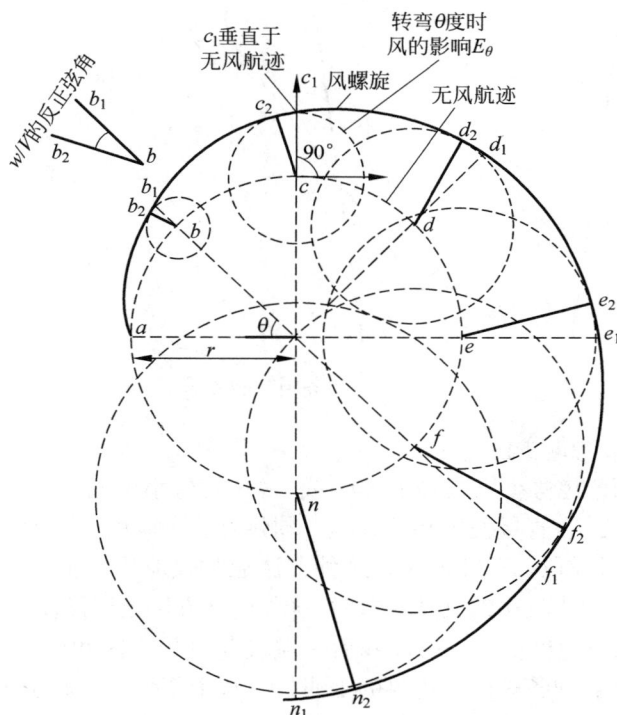

图 2-25　风螺旋线

2)边界圆的保护区划设方法

边界圆是风螺旋画法的备选方法,也是一种简化方法,在这种方法中,用画出的圆作为转弯保护区的边界。如图 2-26 所示。

与风螺旋画法不同,边界圆总是使用方向改变 90°时的风的影响(E)。

该设计方法的步骤如下。

(1)从保护区外边界的 A 点开始。

(2)在垂直于标称航迹的方向,至 A 点的距离为 r 的位置画一个半径为 E 的圆。

(3)从 X 点画一个圆弧,其半径为 $\sqrt{r^2+E^2}$,这是转弯 0°~90°边界的起始部分。

(4)从转弯内边界上 A' 点开始。

(5)在垂直于标称航迹的方向,至 A 点的距离为 r 的位置画一个半径为 E 的圆。

(6)从 X' 点画一个半径为 $\sqrt{r^2+E^2}$ 圆弧,这是转弯 0°~90°边界。

(7)连接第(3)步和第(6)步描述的两个圆弧。

（8）从 Y 点画一个圆弧，其半径等于 $r+E$，这是转弯 90°～180° 的延伸边界。

（9）从 Z 点画一个圆弧，其半径等于 $r+2E$，这是 180°～270° 的延伸边界。

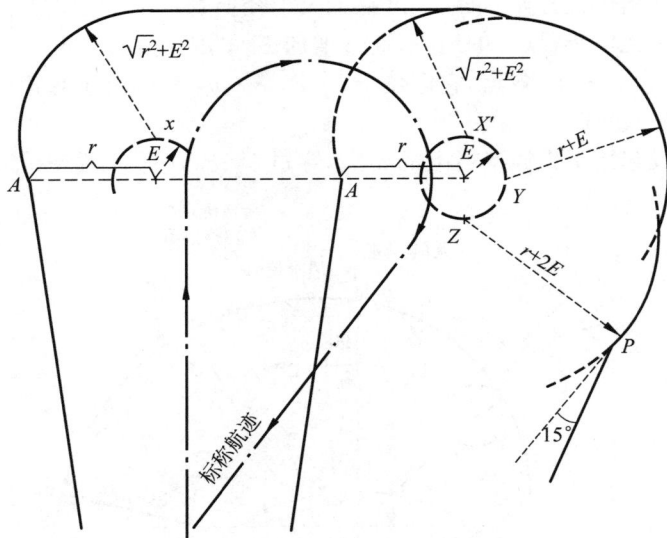

图 2-26　边界圆绘制方法

3）圆弧法绘制转弯保护区

如果有 IAF 或 IF 转弯小于或等于 30°，或 FAF 转弯小于或等于 10° 的情况，则无须使用风螺旋线/边界圆方法，直接使用圆弧方法。圆弧方法仅应用于不允许使用飞越航路点的飞行航段内（起始进近航段，IF 和 FAF），这种方法通常仅应用于旁切转弯。但当在起始进近航段内实施转弯角度比较小的飞越转弯时，这种设计方法也可以使用。

（1）转弯保护区外边界。前一航段和后一航段各自的主区和副区外边界由圆弧衔接。边界连接点位于航路点到各航段外边界的垂线处。每个圆弧的中心位于两个对应边界点之间连线的垂直平分线与前一航段垂线的交点处，如图 2-27 所示。如果前一航段与后一航段的宽度相同，则圆弧的中心是航路点。

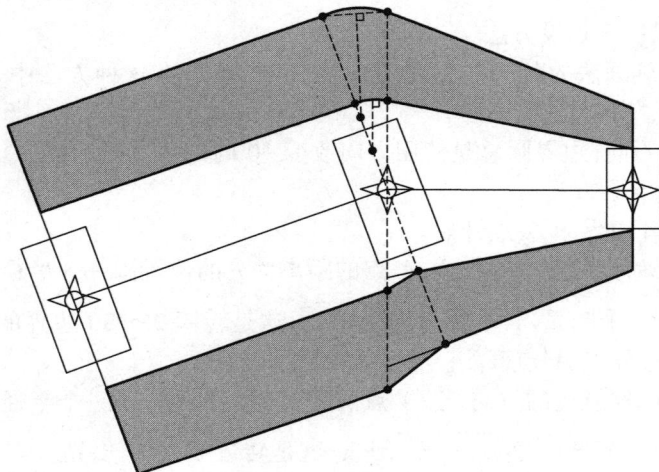

图 2-27　小角度转弯的圆弧方法

（2）转弯保护区内侧边界。转弯内侧边界是由航路点前后的主区和副区分别连接确定的。在转弯内侧，从航路点画下一航段的垂线与前一航段主区边界的交点，从航路点画前一航段的垂线与后一航段主区边界的交点，并用直线连接两交点。同样的方法适用于连接转弯内侧的副区边界。

4）风螺旋/边界圆方法绘制转弯保护区

对于在 IAF 或 IF 转弯大于 30°或在 FAF 转弯大于 10°的情况，应采用风螺旋或边界圆转弯方法，此时转弯点前后保护区的衔接应按照以下方法实施。

（1）转弯保护区的外边界。

① 主区。保护区外边界应使用最不利的风螺旋线边界，可能涉及三个风螺旋线的使用。连接由风螺旋线得到的主区至下一航段的主区有两种情况。如果从风螺旋线形成的主区落在下一航段主区内，这些区域应由一条与下一航段标称航迹成 15°的直线连接，该直线与风螺旋线相切，如图 2-28 至图 2-30 所示。需要注意的是在 DF 航段，最晚标称航迹是从下一航路点画出，与主区最不利风螺旋线相切的一条线。如果形成的主区落在下一航段的主区外，这些区域应由与下一航段的标称航迹成 30°并与风螺旋相切的直线连接，如图 2-31 和图 2-32 所示。

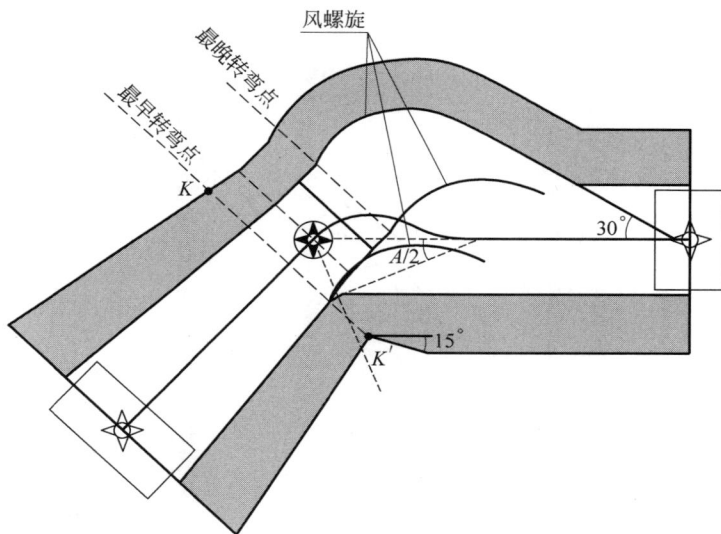

图 2-28　飞越转弯接 TF 航段

② 主区外边界限制。对于旁切转弯，为保护所要求速度范围内的航空器，主区外边界限制应该做如下扩张。小于或等于 90°转弯的主区扩张是由一条与入航航迹平行的线和一条与下一航段平行的线，分别与最大速度确定的风螺旋线相切，如图 2-29 和图 2-31 所示。大于 90°转弯的主区扩张是由一条与入航航迹平行和一条与入航航迹垂直的线，分别与最大速度确定的风螺旋线相切，如图 2-32 所示。

③ 副区。如果在转弯点有副区，则副区适用于所有转弯。副区转弯时有固定宽度，它等于转弯最晚点的副区宽度。如果转弯副区的边界保持在随后相关航段保护区内侧，则边界转弯后在标称航迹以 15°扩张。

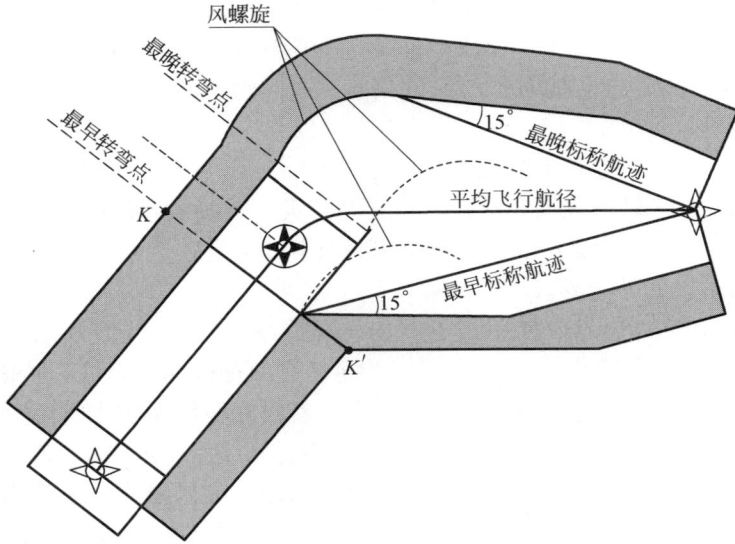

图 2-29　飞越转弯接 DF 航段(转弯角度小于 90°)

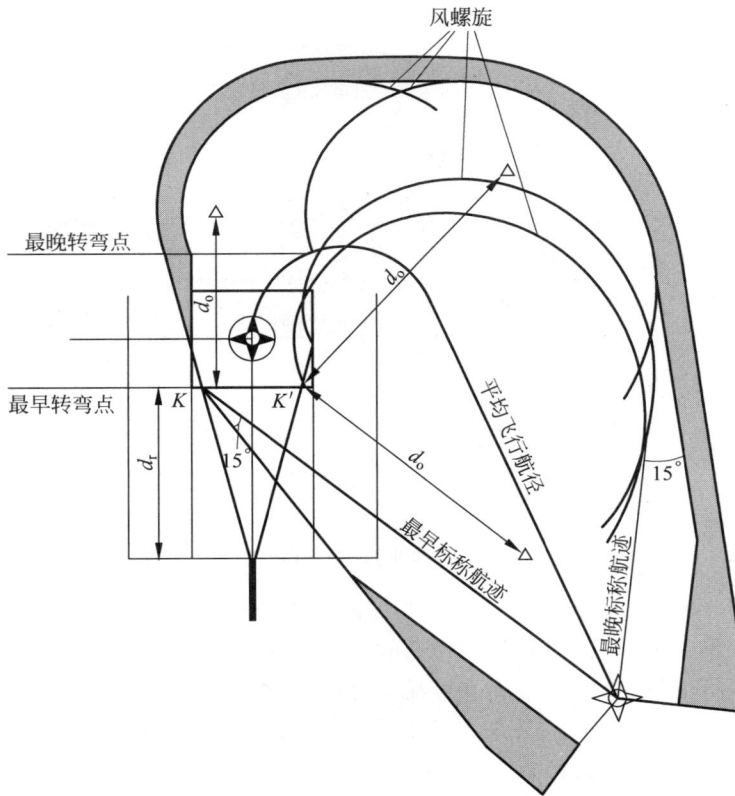

图 2-30　飞越转弯接 DF 航段(转弯角度大于 90°)

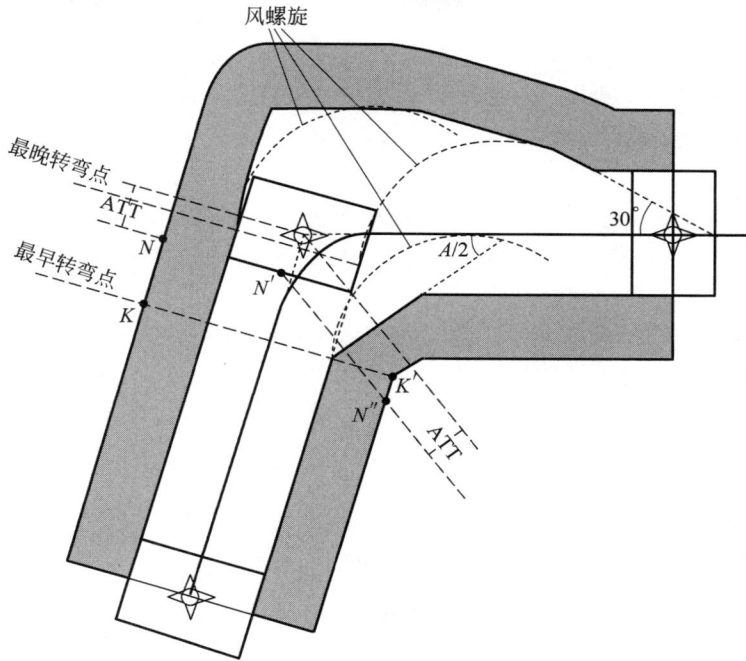

图 2-31 旁切转弯保护区(转弯角度小于或等于 90°)

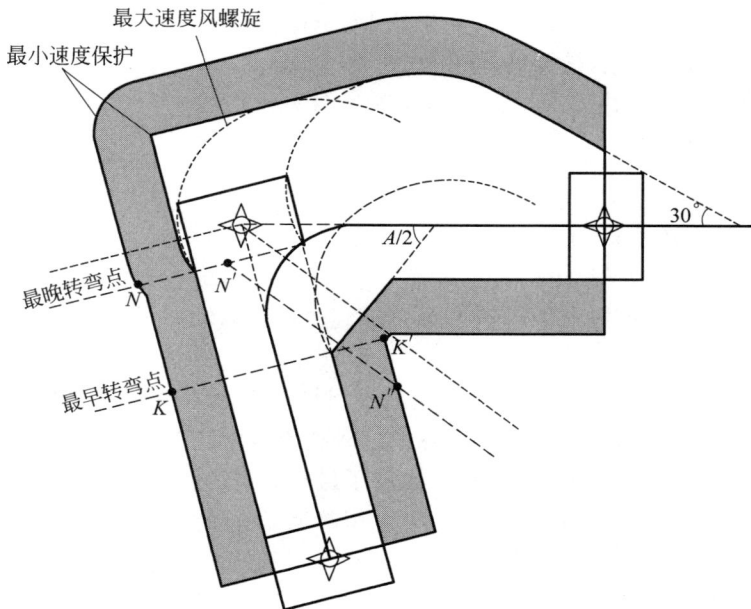

图 2-32 旁切转弯保护区(转弯角度大于 90°)

④ 收缩的保护区。如果保护区向一个航路点收缩，而且转弯最晚点位于航路点之后，则应保持航路点处的保护区宽度直至转弯最晚点，如图 2-31 所示。

（2）转弯保护区内侧边界如下规则适用于转弯内侧的保护。

① 如果前一航段（转弯最早点）主/副区边界位于下一航段的主/副区内，主/副区边界应该从转弯最早限制点开始与下一航段标称航迹成 15°扩张，如图 2-31 所示。对于 DF 航段，考虑的最晚标称航迹是从下一航路点画出的，与最主区不利风螺旋线相切的一条线，如图 2-30 所示。

② 如果前一航段（转弯最早点）主/副区边界位于下一航段主/副区外，主/副区边界应从转弯最早限制点开始与下一航段标称航迹成 $A/2$ 连接（A 是航迹改变角度），如图 2-31、图 2-32 所示。

【例】 航空器转弯的坡度为 25°，真空速为 290km/h，外界温度为 ISA＋15℃，请分别用风螺旋和边界圆的方法做转弯保护区。

解：

（1）计算转弯半径

转弯率为 $R=\dfrac{6355\tan\alpha}{\pi V}=3.26$。

由于 R 值大于 3(°)/s 时，取 3(°)/s，所以，$R=3$(°)/s，则

$$r=290/(20R\pi)=1.54\text{km}$$

（2）左风螺旋保护区计算风的影响

以 30°为一个转弯单位，做风螺旋，选取 30°、60°、90°、120°、150°、180°、210°、240°、270°做出风的影响。

$$E_\theta=\theta/R(W/3600)$$

（3）做边界圆的保护区，计算风的影响

做 90°、180°和 270°的边界圆。90°的风的影响计算可得：

$$E=0.76\text{km}$$

90°位置圆弧半径为 $\sqrt{r^2+E^2}$

180°位置圆弧半径为 $r+E$

270°位置圆弧半径为 $r+2E$

将各圆弧的外边界用平滑曲线连接，即可得到边界圆的保护区边界。

5）最早最晚转弯点的确定

与传统程序设计不同，PBN 程序中转弯部分设计时考虑的最早与最晚转弯均起始于保护区的主区部分，而副区外边界为与主区保护区外边界等距的曲线。

最早转弯位置的确定（KK' 线）：KK' 线位于最早转弯点并垂直于入航航段飞行航迹。它确定了转弯之前直线航段的末端，用于测量至障碍物的距离，在转弯爬升时（离场或者复飞）。

最早下降定位点的确定（$NN'N''$ 线）：对于一个旁切转弯航路点，当确定为梯级下降定位点时，最早下降定位点并不位于最早转弯点。NN' 线与前一段航线垂直，位于航路点之前一个 ATT 距离的位置，NN' 线从角平分线向前一段方向偏置一个等于 ATT 的距离，两条线的交点标注为 N'，障碍物至下降最早点的距离是从 $NN'N''$ 线沿转弯角平分线的垂线量取。

最早和最晚转弯点具体确定方法见表 2-22。

表 2-22　确定最早和最晚转弯点

航路点类型	最早和最晚转弯点
飞越	最早：航路点之前一倍 ATT 距离 最晚：航路点之后一倍 ATT 距离＋驾驶员反应时间＋建立坡度延时
旁切	最早：航路点之前一倍 ATT 距离＋转弯起始距离 最晚：转弯起始距离－ATT 距离－驾驶员反应时间（如果数值为负，则表示在航路点之后）
TA/H 离场接 CF 航段 TA/H 离场接 DF 航段	最早：从跑道起点 600m 最晚：从跑道末端之上 5m 开始，到达指定高度，在 PDG＋驾驶员反应时间＋建立坡度延时
TA/H 复飞	最早：MAPt 之前一倍 ATT 距离 最晚：从 SOC 处开始，到达指定高度，在 2.5％爬升面＋驾驶员反应时间＋建立坡度延时
在复飞点转弯	最早：MAPt 之前一倍 ATT 距离 最晚：SOC＋驾驶员反应时间＋建立坡度延时

2.6　我国导航卫星系统的伟大成就

虽然我国导航卫星起步较晚，在国内技术落后、国外技术封锁的困难环境下，我国科技工作者勇于开拓，披荆斩棘，以超乎想象的工作效率突破了技术困境，完成了北斗导航卫星系列里程碑式的开发、发射，并成功组网，实现了全球卫星导航功能，并能为亚太地区提供高精度导航及卫星短信功能。

近日，北斗卫星导航系统在新疆一展身手，为成功营救在昆仑山脉进行地质勘探的三名工作人员提供了技术保障[13]。这一事件引起了广泛关注，不仅彰显了科技的力量，更让人感慨科技对人类生活的巨大作用。

由于天气和环境原因，三名地质勘探工作人员在深入昆仑山脉进行地质采样时不慎迷路。在茫茫大山之中，手机信号时有时无，无法准确传送位置信息。眼见天色渐暗，大风雪马上来临，他们内心焦虑，无奈之下只能挑选原地等待救援。

幸运的是，他们的求救信息被北斗卫星导航系统成功接收。该系统利用精确的定位功能，锁定了三人的大概位置。随后该信息被迅速传输到新疆消防总部。

新疆消防总部接收到信息后，立刻派出救援队。在北斗卫星导航系统的指引下，救援队顺利找到迷路的三名地质勘探人员。此时，他们已经在山中度过了漫长的一天，又冷又饿。好在救援队及时赶到，给他们带来了希望。

这次成功的救援行动不仅使人们看到了科技的力量，更体现了北斗卫星在通信领域的领先地位。北斗卫星的信息功能以其精准的定位和稳定的通信，为这次救援提供了重要的技术支持。北斗卫星信息功能表现出的稳定性和可靠性令人印象深刻。这不仅体现了北斗卫星系统通信技术方面的卓越实力，也反映了其在社会责任方面的担当。北斗卫星系统能够真正以科技力量赋能社会，为救援工作提供强有力的支持，使人们深刻感受到国家力量带来的安全感。

　　然而,此次勘探队员被困事件也反映出相应的问题。高风险行业,诸如地质勘探、航空运输等行业工作人员需要不断提高安全意识和突发事件的应对能力,做好充分的准备工作,才能在危急时刻正确应对,转危为安。科技的力量是无穷的,它改变着我们的生活,使我们能够更好地应对各种挑战。人民的力量是巨大的,但是能够挖掘出人民所有潜在力量的社会主义制度才能集中人民的力量办大事,北斗卫星系统的成功发射,体现了我国科技力量、国家力量和人民力量的强大之处。

习题

　　1. 目前建设 GNSS 的国家有哪些?

　　2. 简述北斗导航卫星系统能够提供的导航精度和导航范围。

　　3. 请根据以下条件做出风螺旋线:RNP1 导航规范,C 类航空器在距机场 15n mile 处的起始进近阶段转弯。

　　4. 查表计算两航路点之间最短距离。

第3章 PBN离场程序设计

离场程序包括但不限于标准离场程序和相应的程序。根据 PBN 离场程序设计准则,利用离场程序的导航规范对离场程序进行设计。传统程序中的飞机速度、离场方式、最小净上升梯度、OIS 面等设计原则同样适用于 PBN 离场程序。

3.1 离场程序设计一般原理

空中交通管制、空域管理或其他原因(如减小噪声等)都可能对离场程序有所要求,离场航线或程序的确定不是仅依据规章要求,设计离场程序应与运营者、空管和其他相关团体进行协商。

机场的每一条预计使用仪表离场的跑道都应该建立离场程序并公布。离场程序需根据机场所处地形、空域情况、净空条件、空中交通流量等情况设计出尽可能满足所有机型要求的离场程序,并使航空器尽量减少离场的运行时间、简化管制员与飞行员的交流、并降低对空域的要求[14]。

1. 离场程序的范围

1) 离场程序的起点

固定翼飞机的离场程序以起飞跑道的离场末端(departure end of the runway,DER)为起点,也就是公布的适于起飞的区域末端(跑道末端,提供有净空道的,为净空道末端)。DER 标高为跑道末端标高和净空道标高中的较高者。

由于飞机离地点是变化的,为保护在 DER 之前转弯的飞机,保护区从距离跑道起始段600m 处开始。这是基于假定在距离跑道起始端 600m 处就能达到 DER 标高之上 120m 的转弯高度。

直升机的离场程序从 DER 处开始,DER 是公布的适于起飞的区域末端(跑道末端、净空末端,或最后进近和起飞区域末端)。

考虑直升机的爬升性能并对早转弯提供保护,假定在起飞开始处就能达到 DER 标高之上 90m 的最小转弯高,则保护区起始于跑道或可用起飞区的起始端。

2) 离场程序的终点

离场程序在程序设计梯度或根据安全超障要求的梯度到达下一飞行阶段(航路、等待或进近)所规定的最低高度/高的位置。

2. 最小超障余度

离场程序从航空器一起飞就提供超障余度,直至加入航路航段。有关离场程序的最小超障余度(MOC)设计要求如下。

离场程序的主区MOC不是一个常量,而是随着航空器与DER距离的增加而逐渐增大。DER处的MOC为0,远离DER的MOC为航空器与DER距离的0.8%。离场程序是在障碍物鉴别面之上提供MOC,如果有障碍物穿透障碍物鉴别面,则在障碍物之上提供MOC。在开始一个大于15°的转弯之前,还需满足MOC大于或等于75m。

离场程序如有副区,则副区MOC为从主区内边界的全超障余度向外至副区外边界逐渐减小为0。

3. 障碍物鉴别面

障碍物鉴别面(obstacle identification surface,OIS)是离场保护区内用于鉴别障碍物的一个斜面。对于直线离场,OIS的起点为DER之上5m(16ft),梯度为2.5%(H类航空器为4.2%)。当有障碍物穿透OIS时,必须考虑在离场程序中规定一条飞行航径以便安全避开障碍物,或者规定一个最小上升梯度以便飞越这些障碍物时有一个安全余度。

OIS必须定期检查(每年一次即可)以验证障碍物资料是否有效,有没有新变化的情况,能否保证满足最小超障余度和程序的完整性。无论何时,如果有物体穿透OIS,都应通知主管部门。

4. 程序设计的梯度

程序设计梯度(procedure design gradient,PDG)是公布的爬升梯度,PDG起始于跑道起飞末端(DER)之上5m(16ft)处的一点,它在障碍物鉴别面之上按至DER距离的8%提供额外的余度。如果没有障碍物穿透OIS,则PDG规定为OIS的梯度之上0.8%,即3.3%(H类为5.0%)的标准PDG。

当有障碍物穿透2.5%的OIS时,应调整离场航线以避免OIS被穿透。如果调整离场航线仍然无法避开障碍物,则可以采用在穿透障碍物之上提供最小超障余度(从DER到障碍物距离的0.8%)的方法增大PDG。应该公布超过3.3%的PDG和该增加梯度延伸的高度。在飞越该关键障碍物后,PDG应恢复为3.3%。如图3-1所示。

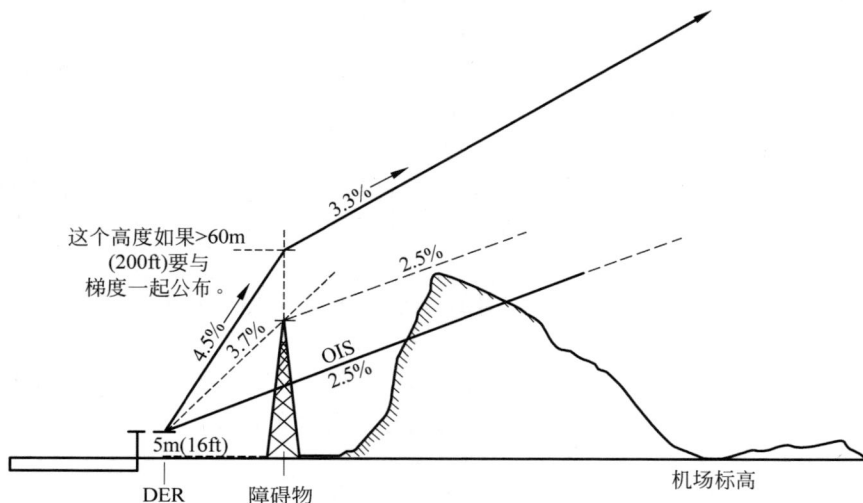

图 3-1　程序设计梯度

当近距离的低高度障碍物要求增加梯度爬升至 60m(200ft)高或以下时,其要求的 PDG 可不予公布,但应公布穿透 OIS 的近距离障碍物的位置和标高/高,如图 3-2 所示。

障碍物A的PDG P_1不公布,因为$H_1\leq60m(200ft)$;
障碍物B的PDG P_2应公布,因为$H_2>60m(200ft)$;
但A和B两个障碍物都应公布。

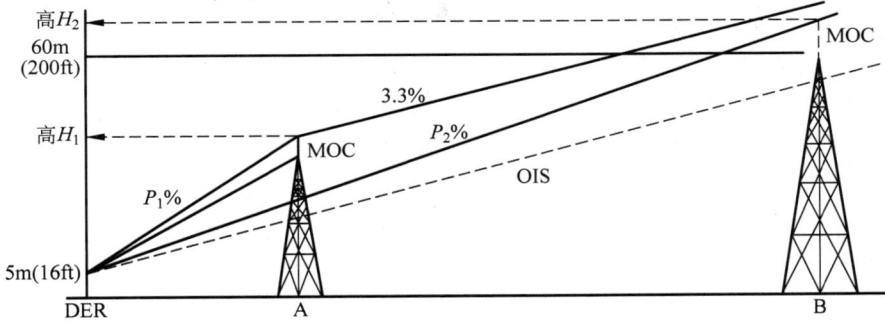

图 3-2 近距离障碍物

3.2 直线离场

起始离场航迹与跑道中线方向相差 15°以内的离场程序为直线离场。只要实际可行,离场航径应该是跑道中线的延长线。起始离场航迹对正($\alpha\leq15°$)由跑道起飞末端之后的第一个航路点的位置确定。

1. 直线离场航段的最短长度

与进场和进近程序一样,离场程序中的每个航路点都要确定一个最短稳定距离,即航路点与标称航迹切入点之间的距离。两个连续航路点间的最短长度等于其各自最短稳定距离之和。在设置两个连续航路点时,航段长度不得小于其航段最短长度。但是对于离场程序 DER 至第一个航路点来讲,航段最短长度规定为,在 PDG 为 3.3%时要求 DER 与起飞离场第一个航路点最早转弯点之间的距离不得小于 3.5km(1.9n mile),如图 3-3 所示。如果 PDG 大于 3.3%,则可以使用短一些的距离。

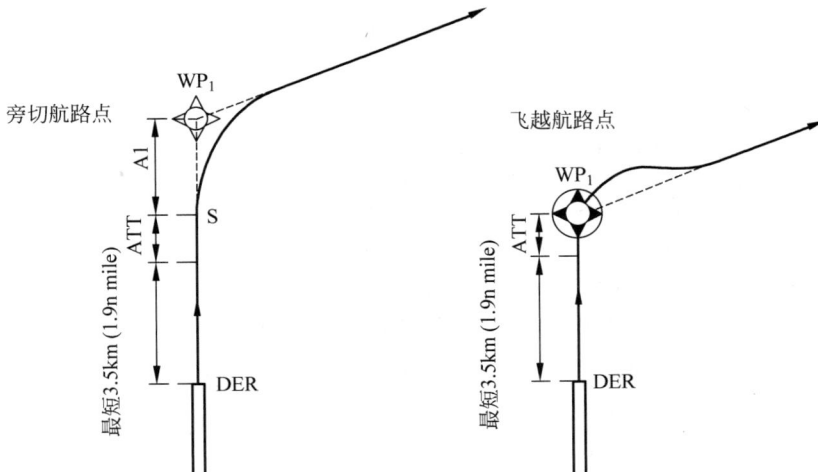

图 3-3 DER 至第一个航路点的最短稳定距离

49

2. 直线离场程序保护区

离场初始部分的保护区起始于 DER,起始宽度为 300m(H 类为 90m)。保护区以跑道中线为中心,在跑道中线延长线两侧,分别按 15°向外扩张,直至扩张边界到达假定保护区的外边界(离场保护区半宽见表 2-16~表 2-19),随后保持假定保护区的宽度直至离场程序第一个航路点。假定区从 DER 开始延伸至第一个航路点。在 DER 和第一个航路点处的半宽依照传感器类型的不同而不同。

在 DER 处的初始扩张后,至距 ARP 15n mile 的位置(在距 APR 15n mile 之前一倍 ATT 距离处)进行二次扩张。至距 ARP 30n mile 位置(在距 APR 30n mile 之前一倍 ATT 距离处)进行三次扩张。每次向航迹两侧扩张时扩张角都是 15°。

如果起始离场航线向起飞跑道方向偏置 α 角度($\alpha \leq 15°$),则区域边界也向航线偏置一侧调整 α 角度。副区原则适用于直线段,只限主区总宽度至少等于第一个航路点处保护区半宽的那部分程序有副区,如图 3-4 所示。

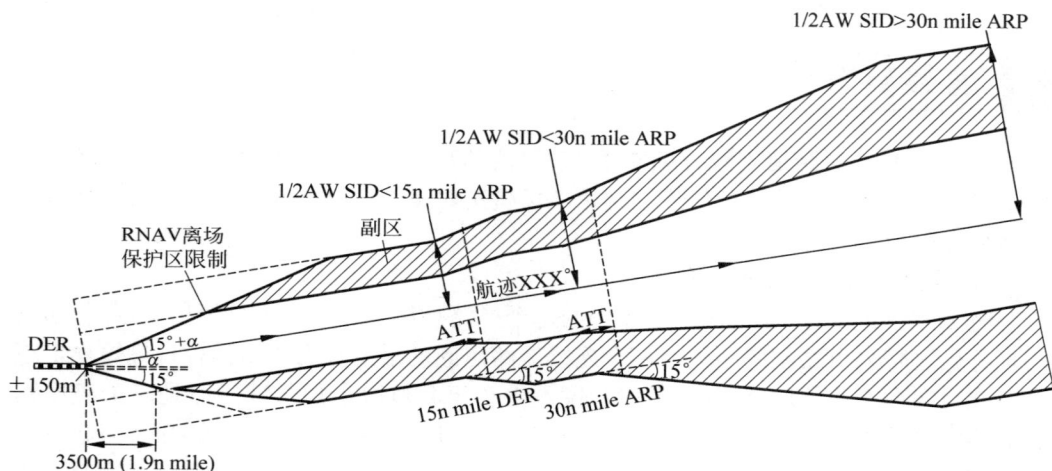

图 3-4　直线离场保护区(偏置 α 角离场且 $\alpha \leq 15°$)

【例】　航空器在标高为 400m 的机场起飞离场,离场程序为 RNP1 规范的直线离场,做出该直线离场的保护区。

解:

RNP 导航规范的 XTT=RNP 值,RNP1 导航规范下,XTT=1n mile;

距跑道末端 15n mile 以内的 BV 值为 0.5n mile;

(1) 距跑道末端 15n mile 以内的保护区宽度为

1/2AW=1.5XTT+BV=1.5n mile+0.5n mile=2n mile;

跑道末端到 15n mile 范围内的保护区半宽为 150m,以 15°扩张至 2n mile。

(2) 距跑道末端 15n mile 值 30n mile 范围内的 BV 值为 1n mile;

1/2AW=1.5XTT+BV=1.5n mile+1n mile=2.5n mile;

在 15n mile 以前一个 ATT 距离,即 0.8XTT=0.8n mile 处,保护区开始以 15°扩张至 2.5n mile。

（3）距跑道 30n mile 以外，BV 值取 2n mile；

$1/2AW = 1.5XTT + BV = 1.5n\ mile + 2n\ mile = 3.5n\ mile$；

在 30n mile 以前一个 ATT 距离，即 $0.8XTT = 0.8n\ mile$ 处，保护区开始以 15°扩张至 3.5n mile。

3. 直线离场的障碍物鉴别面

直线离场的 OIS 起始于 DER 位置，起始高度为 5m，沿标称航迹方向的上升梯度为 2.5%。若障碍物到 DER 的距离为 d_0，则障碍物位置的 OIS 高度可按下列公式计算：

$$Z_{OIS} = 0.025d_0 + 5$$

如果障碍物高度小于该处的 Z_{OIS}，则障碍物没有穿透 OIS；反之，障碍物穿透了 OIS，需要根据该障碍物高度及该位置的 MOC 计算出适合的 PDG。

【例】 某机场标高 300m，机场近端有两高大障碍物 A、B。障碍物 A 距离跑道末端（DER）3500m，海拔 370m；障碍物 B 距离跑道末端 3600m，海拔 400m。请问这两个障碍物是否超出 OIS? 如超出，计算可安全越障的 PDG。

解：

（1）障碍物 A

计算 OIS 高度：

$$Z_{OIS} = 2.5\% \times 3500m + 5m = 92.5m$$

海拔为 $92.5 + 300 = 392.5 > 370$，因此，障碍物 A 未超出 OIS，可安全越障。

（2）障碍物 B

计算 OIS 高度：

$Z_{OIS} = 2.5\% \times 3600m + 5m = 95m$，OIS 海拔为 $95m + 300m = 395m < 400m$；

所以障碍物 B 超出 OIS，需要计算 PDG。

越障爬升梯度为 $(400 - 5 - 300)/3600 \approx 2.64\%$

$$MOC = 0.8\%$$
$$PDG = 2.64\% + 0.8\% = 3.44\%$$

3.3 转弯离场

离场航线要求大于 15°的转弯称为转弯离场。转弯离场规定，飞机起飞离场到达 DER 标高之上 120m（394ft）后方可进行离场转弯，在此之前应直线飞行。

转弯离场可以规定：在"旁切"航路点转弯；在"飞越"航路点转弯（对应指定转弯点转弯（TP））；在固定高度/高转弯；固定半径转弯（RF）。对于旁切和飞越转弯，为使航空器正确地实施转弯，每个规定转弯最小为 5°，最大不超过 120°。但是最大值 120°不适用于（在一个高度/高或在指定 TP）自由折返回航路点的转弯。RF 应该在 2°～358°之间。

3.3.1 转弯离场保护区要求

在转弯离场设计中，保护区分为转弯起始区和转弯区两部分。其中，转弯起始区是使航空器直线爬升以达到转弯开始前所需 MOC 75m（246ft），H 类为 65m（213ft）的区域。转弯区为航空器正在进行转弯的区域。

固定翼飞机的转弯起始区从跑道起始端 600m 处开始,至转弯点结束。如规定 DER 之前不可以转弯,则转弯起始区从 DER 开始,至转弯点结束。

根据转弯点定义方法,可将转弯方式分为指定点转弯和指定高度/高转弯。指定点转弯,即转弯点是转弯点定位容差的最早点(在指定点转弯);指定高度/高转弯,即 PDG 达到规定的转弯高度/高的位置。

无论是指定高度/高转弯,还是指定点转弯,都要求转弯位置与 DER 的距离不小于 PDG 达到 120m(394ft)或指定的转弯高度/高中较高值所需的距离。

3.3.2 转弯离场保护区的转弯参数

转弯离场程序的保护区划设应使用下列计算参数。

(1)高度:如在指定高度/高转弯,即为转弯高度/高;如在指定转弯点转弯,即为机场标高加上从 DER 到 TP 以 10%爬升梯度得到的高(允许用 10%梯度爬升)。

(2)温度:相当于上述(1)高度上的 ISA+15(℃)。

(3)指示空速:各类航空器的最后复飞速度(见表 2-1 或表 2-2)增加 10%,由于起飞时质量比复飞质量大。但是,如果运行上要求避开障碍物,则可以使用降低的速度,但不得低于中间复飞速度的 1.1 倍。提供的程序应该注明"离场转弯最大指示空速限制为 km/h"。

(4)真空速:(3)指示空速(IAS),修正(1)高度和(2)温度。

(5)风:如有统计风的资料,可以使用最大概率为 95%的全向风。如没有风的资料,则应该使用 56km/h(30kn)的全向风。

(6)坡度:平均转弯坡度 15°。

(7)定位容差:与采用的导航规范相对应。

(8)飞行技术误差:假定导航设备能够预计转弯,则仅需要考虑 3s 飞行员的反应时间。

(9)副区:在有航迹引导的飞行阶段使用副区。

【例】 C 类航空器在标高为 320m 的机场起飞离场,其导航规范为 RNP1,外界温度为 ISA+15(℃),采用指定点转弯方式离场。转弯点位于距跑道末端 8000m 处,计算航空器转弯速度。

解:

(1)计算转弯速度。

航空器离场最小速度为中间复飞速度的 1.1 倍,由表 2-1 可知,中间复飞速度为 295km/h,可知离场速度为 324.5km/h。

(2)转弯高度计算,转弯高度为机场末端高度加上 10%梯度爬升的爬升高度。

$$10\% \times 8000m = 800m,$$

$$800m + 320m + 5m = 1125m$$

根据此高度计算该点转弯速度为

$$TAS = K \cdot IAS = 352km/h$$

3.3.3 指定高度/高转弯

为避开直线离场方向上必须避开的障碍物和/或位于直线离场航迹的正切方向要求转弯后必须以适当余度飞越的障碍物,程序要求飞机在离场过程中上升到一个规定的高度

(高)时开始转弯。选择的转弯高度要保证飞机避开前方的障碍物,并且在转弯离场中飞越保护区内的所有障碍物时有适当的超障余度。在指定高度/高转弯离场的基本任务是设计适当的转弯离场航线和确定转弯高度(高)。

1. 转弯高度/高的确定

先在直线离场航线上选择一个转弯点(TP),这个转弯点要能保证航空器避开正前方的障碍物,即将该障碍物排除在转弯离场保护区之外;或有适当的余度飞越保护区内正切的障碍物。直线离场的准则使用到 TP 为止,这样按下式计算出转弯高度/高(TNA/H):

$$TNH = d_r PDG + 5m$$

$$TNA = d_r PDG + 5m + 机场标高$$

式中,d_r 为 DER 至 TP 的水平距离,PDG 为程序设计梯度,一般取 3.3% 的标准程序设计梯度。如果要求到达 TP 的 PDG 大于 3.3%,则在离场图上必须公布具体的上升梯度。

2. 保护区绘制方法

1)转弯起始区

对于固定翼飞机,转弯起始区从距跑道起始端 600 m(最早 TP)处开始,到转弯点(TP)终止。对于直升机,转弯起始区从可以作为跑道的区域或跑道的起始端开始。从转弯起始区开始点至 DER 的保护区宽度为 300m(H 类为 90m)。如果离场程序禁止在 DER 之前转弯,则转弯起始区从 DER 开始,但在离场图中必须加以说明。对于直升机,转弯离场的最早限制可以是沿跑道/FATO 的一个适当位置。

2)转弯区

转弯区为航空器正在转弯的区域。在划设指定高度/高转弯离场的转弯区时,需要确定转弯最早点和最晚点。转弯最早点为距跑道起点 600m(跑道可用起飞距离/TORA 的起点)处,转弯最晚点从 DER 之上 5m 开始,到达指定高度位置,即 TNH/ PDG+驾驶员反应时间+建立坡度延时处。

(1)转弯内边界主区的绘制:①当转弯角度小于 75° 时,内边界起始于复飞点最早定位点的内边界,如图 3-5 所示。并与转弯后标称航迹成 15° 向外扩张。②当转弯角度大于 75° 时,转弯内边界起始于复飞点最早点的外边界,并与转弯后的标称航迹成 15° 向外扩张。

(2)转弯外边界主区的绘制:①在转弯起始区外边界的主区,加上飞行员反应时间,确定最晚转弯点即风螺旋线绘制的起点;②从最晚转弯点开始,绘制转弯保护区,并与转弯后的标称航迹成 15° 向外扩张,连接后续航段的保护区。

(3)转弯副区的绘制:副区宽度为转弯前副区宽度的延伸,平行于主区边界与转弯后的航段副区自然衔接。绘制方法如图 3-5 所示。

【例】 请绘制 C 类航空器在标高 300m 机场起飞离场,并在指定高度 800m 转弯离场的保护区,标称航迹转弯角度为 90°,直飞 10km 处的定位点。

解:

转弯起始区:

转弯起始区长度为(800−300−5)m/3.3%=15km;

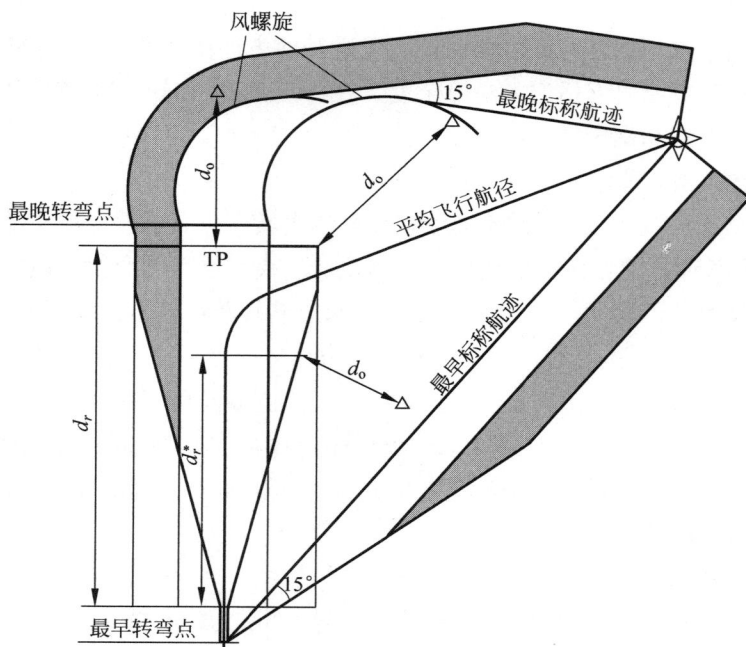

图 3-5　指定高度/高转弯接 DF 航段

RNP1 导航规范的保护区宽度为 1.5XTT＋BV＝2n mile＝3.7km。

由表 2-22 可知,最晚转弯点的确定如下:

沿航迹误差 ATT＝0.8XTT＝0.8n mile＝1.48km;

飞行员反应时间 3s 加建立坡度 3s＝0.58km;

最晚转弯点位于标称航迹之后 1.48km＋0.58km＝2.06km;

最早转弯点为跑道入口之后 600m 处;

转弯起始区从跑道末端开始,起始宽度为 300m,以 15°扩张至 3.7km,在最晚转弯点处做转弯处保护区。

转弯区外边界:

C 类航空器离场飞行速度按 1.1 倍复飞中间速度计算,根据转弯高度 800m,可计算出该航空器在 800m 处转弯速度为 346km/h;

该转弯速度下的转弯率 R＝1.57,转弯半径 r＝3.51km;

E_{90}＝0.88km,可以根据边界圆方式,做出转弯保护区,再以该保护区与转弯后定位定的切线为最晚转弯的标称航迹,以该标称航迹外扩 15°作为该标称航迹的保护区,直至保护区宽度扩张至 RNP1 导航规范的保护区宽度,即 3.7km。

转弯区内边界:

连接最早转弯点与转弯后定位点,该航迹为最早转弯的标称航迹,以此航迹外扩 15°做最早转弯航迹的保护区,宽度扩张至 RNP1 导航规范的保护区宽度,即 3.7km。

3. 障碍物超障检查

1) 转弯起始区

转弯起始区内最小超障余度是从 DER 沿标称航迹量取水平距离,按设计的 PDG 进行计算。指定高度/高的转弯离场程序,按正常的航空器性能通常在转弯起始区的终点(TP)之前能达到该高度。因此,在转弯起始区内所有障碍物之上也必须提供转弯最小超障余度,即转弯高度在最高障碍物之上 75m(H 类为 65m)。转弯起始区内最高障碍物的标高/高应该满足下列准则。

(1)固定翼飞机:最高障碍物高度/高=TNA/H−75m(246ft)

(2)直升机:最高障碍物高度/高=TNA/H−65m(213ft)。

2)转弯区

转弯区内最小超障余度按下列方法计算。

(1)位于 TP(K-K 线)之前的障碍物。MOC 为转弯最小超障余度 75m(246ft)与 $0.008 \times (d_r^* + d_o)$ 中的较大者,其中,d_r^* 为在转弯起始区边界上量取 d_o 距离的位置点对应的沿离场航迹距离,d_o 为从转弯起始区边界至障碍物的最短距离。

(2)位于 TP(K-K 线)之后的障碍物。MOC 为转弯最小超障余度 75m(246ft)和 $0.008 \times (d_r + d_o)$ 中的较大者,其中,d_r 为从 DER 至 K-K 线的水平距离,d_o 为从转弯起始区边界至障碍物的最短距离。转弯区内允许的障碍物最大标高/高可以通过下式计算:

$$最大障碍物高度/高 = TNA/H + d_o \times PDG - MOC$$

式中,d_o 为障碍物至转弯起始区边界最近点的距离,如图 3-6 所示。

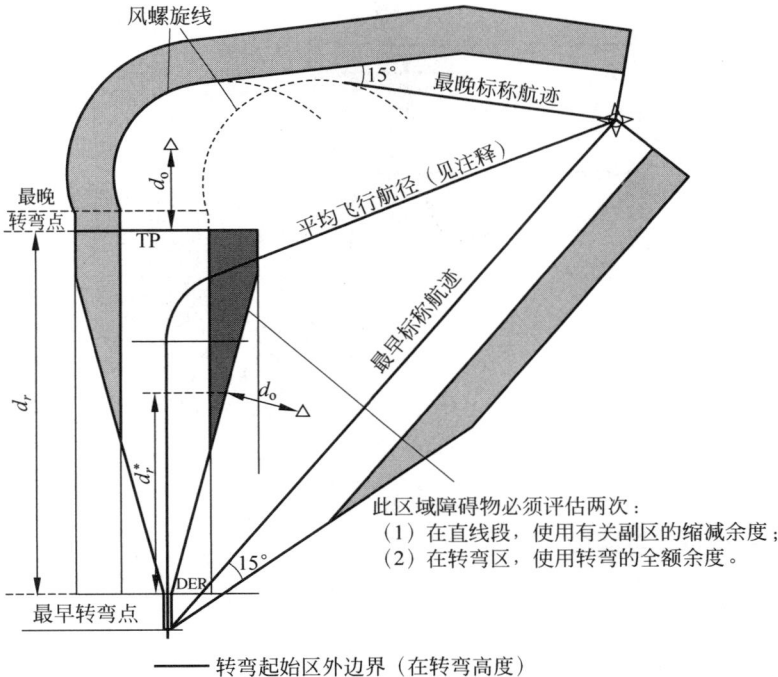

图 3-6 固定高度转弯障碍物评估

4. 转弯高/高度的调整

如果不能满足前述的超障标准,则程序应规定一个较大的飞机净上升梯度(G_r),以调整转弯高度。假设起始转弯区内最高障碍物超障高(h_o+75m)大于转弯高 TH（TH$=d\times$PDG$+5$m），则应按下式计算一个较大的净上升梯度（PDG$'$），以提高转弯高度（PDG$'$使用到 TP 为止）。

$$PDG' \geqslant (h_o+70\text{m})/d_r$$

如果影响安全超障的障碍物在转弯区内，则安全超障的最小净上升梯度为

$$PDG' \geqslant (h_o+\text{MOC}-5\text{m})/d_r - d_o \times PDG/d_r$$

3.3.4 指定点转弯

为避开直线离场航线前方的障碍物而选择一个指定的 TF，TF 可以为旁切航路点和飞越航路点，规定飞机以最小净上升梯度爬升到定位点处开始转弯。直线离场准则使用到转弯点容差区的最早点（此点规定为最早 TF）。

1. 在旁切航路点转弯离场

在旁切航路点转弯离场保护区的画法与第 2 章有关旁切航路点转弯保护区相同。如果转弯点有副区，副区应适用所有转弯。副区转弯时有固定宽度，至最晚转弯点的副区宽度相同。转弯后用与转弯后标称航迹成 30°收敛角的直线将副区边界与随后航段的副区边界相连。如果转弯副区的边界在随后相关航段保护区内，则按照与转弯后标称航迹成 15°向外扩展此边界。如图 3-7 所示。

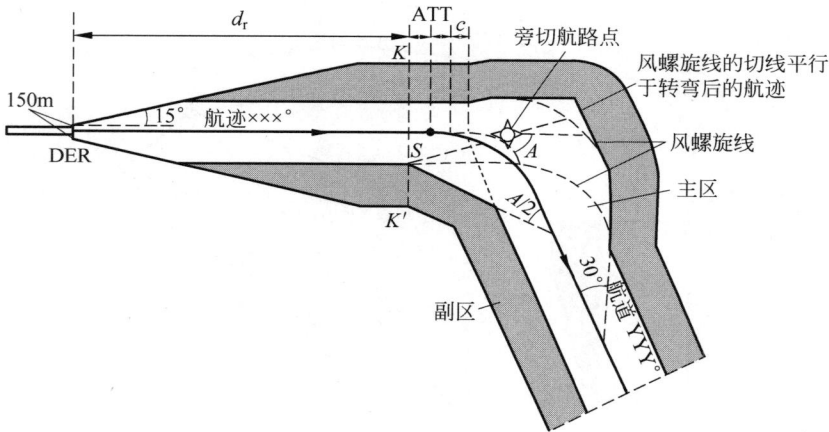

图 3-7　旁切航路点转弯

2. 在飞越航路点转弯离场

在飞越航路点转弯离场保护区的画法与第 2 章有关飞越航路点转弯保护区的绘制方法相同。如图 3-8 和图 3-9 所示。

3. 转弯区的障碍物超障检查

转弯区内的障碍物高度（h_o）应满足：

$$最高障碍物高度/高=PDG\times(d_r+d_o)+5\text{m}-\text{MOC}$$

式中，d_o 为障碍物至 K-K'线的最小距离；d_r 为从 DER 到 K-K'线的水平距离；PDG 为公布的程序设计梯度；MOC 为 75m(246ft)与 $0.008\times(d_r+d_o)$ 中的较大值。

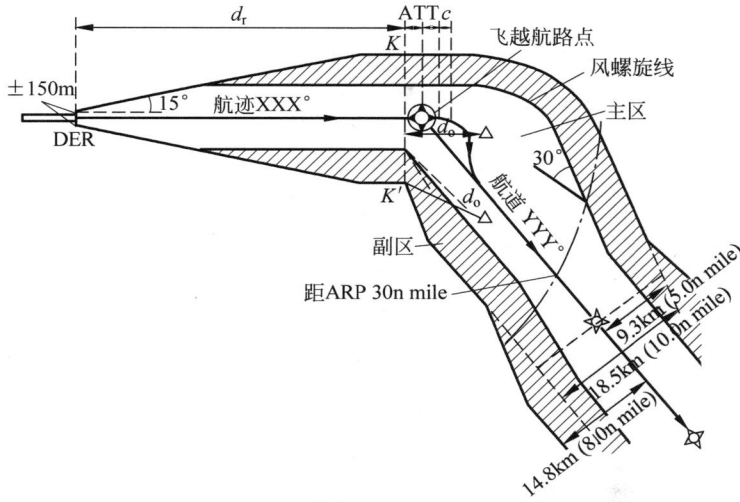

图 3-8 飞越航路点转弯离场

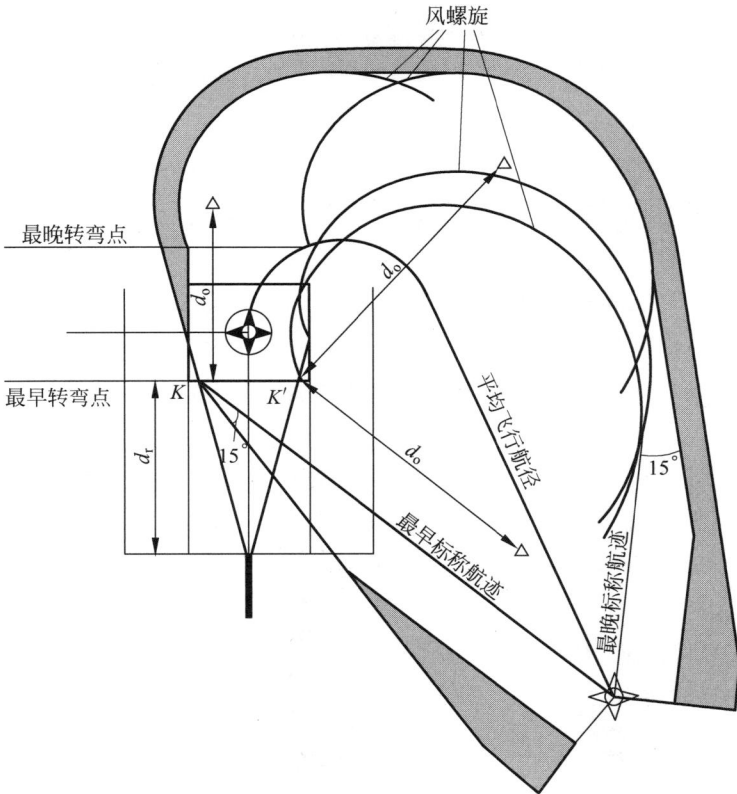

图 3-9 飞越航路点转弯离场

3.4 离场程序的平均飞行航径

尽管飞行程序设计过程主要考虑超障标准,但设计中还应考虑一些其他重要因素:空域要求、ATS运行要求及政府机构强制的环境要求。其中环境要求是最常出现的影响程序设计的原因。

规划离场航路时,同城可以确定航空器隔离区及其分布。这样使程序设计人员可以集中或者扩散航空器噪声。其中集中航空器噪声可以将航空器集中于预期的飞行航径(平均飞行航迹)以避开噪声敏感区,但是当无法避开所有居住区时,可以使用噪声发散作为备用程序。

转弯离场保护区中的标称航迹由平均飞行航径确定。使用平均飞行航迹的相关规定为:当有必要要求飞行航迹,特别是转弯离场与标称航迹严格一致时(如噪声限制或ATC限制),可以使用飞信国际性能方面的统计数据设计离场程序的平均飞行航径,但用于确定平均飞行航迹的飞机性能数据不能用于计算超障。

1. 设计平均飞行航径

对于离场,为应对噪声或ATC等类似限制,可根据表3-1中的数据:速度、距离及坡度绘制期望的平均飞行航径。对于PBN飞行程序设计,该表可以作为最小稳定距离的指导。如图3-10所示。

2. 表格使用说明

指示空速(IAS)、坡度和机场上方高度可以作为距DER的距离函数。将距DER的"沿航迹"距离应用于转弯点/航路点。当限制速度小于表中相应距离对应的速度时,应使用限制速度代替表中的速度。

将IAS换算为TAS时,需考虑航空器爬升高度。平均飞行航迹的爬升高度计算采用从DER起始7%爬升梯度对应的高度。如处于超障余度或者出于空中交通服务(ATS)的需要,程序设计要高于7%,则用该爬升梯度取代表格中的假设爬升梯度。

3. 坡度

离场程序起始阶段,转弯坡度与航空器爬升的高度有关:当航空器处于305m(1000ft)以下时,转弯坡度为15°;当航空器处于305m(1000ft)至915m(3000ft)之间时,转弯坡度为20°;当航空器爬升至915m(3000ft)以上时,转弯坡度为25°。

4. 软件工具支持

程序设计人员可以使用成熟的软件工具进行离场航路程序设计中消除噪声最优化设计。这类辅助工具的特点如下。

(1)科学地考虑人口密度,计算最小噪声航路安排。

(2)在地形图上显示实际飞行航迹。

(3)通过计算机模型,对程序的可飞性进行模拟评价。

设计的飞行航径

噪声敏感区

实际平均飞行航径

610m
（2000ft）

实际较早达到2000 ft

（为超障目的）设计的飞行航径似乎
避开了噪声敏感区，实际平均飞行
航径可能从该区飞过。

在指定高度转弯（未使用统计数据）

实际平均设计的飞行航径

噪声敏感区

根据设计准则
达到457m
（1500ft）

实际平均
飞行航径

457m
（1500ft）

应用统计数据的影响。
应根据超障准则重新设计转弯高度。

在指定高度转弯（使用统计数据）

设计的飞行航径

噪声敏感区

实际平均
飞行航径

*TP

*根据超障准则（爬升梯
度/速度等）计算TP。

设计的飞行航径似乎避开了噪声敏感
区，实际平均飞行航径可能从该区飞过。

指定点转弯（未使用统计数据）

设计的飞行航径

实际平均飞行航径

*TPN

噪声敏感区

*根据统计数据重新设定TP位置。

应用统计数据的影响。
应根据超障准则重新考虑TP的位置。

指定点转弯（未使用统计数据）

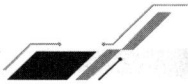

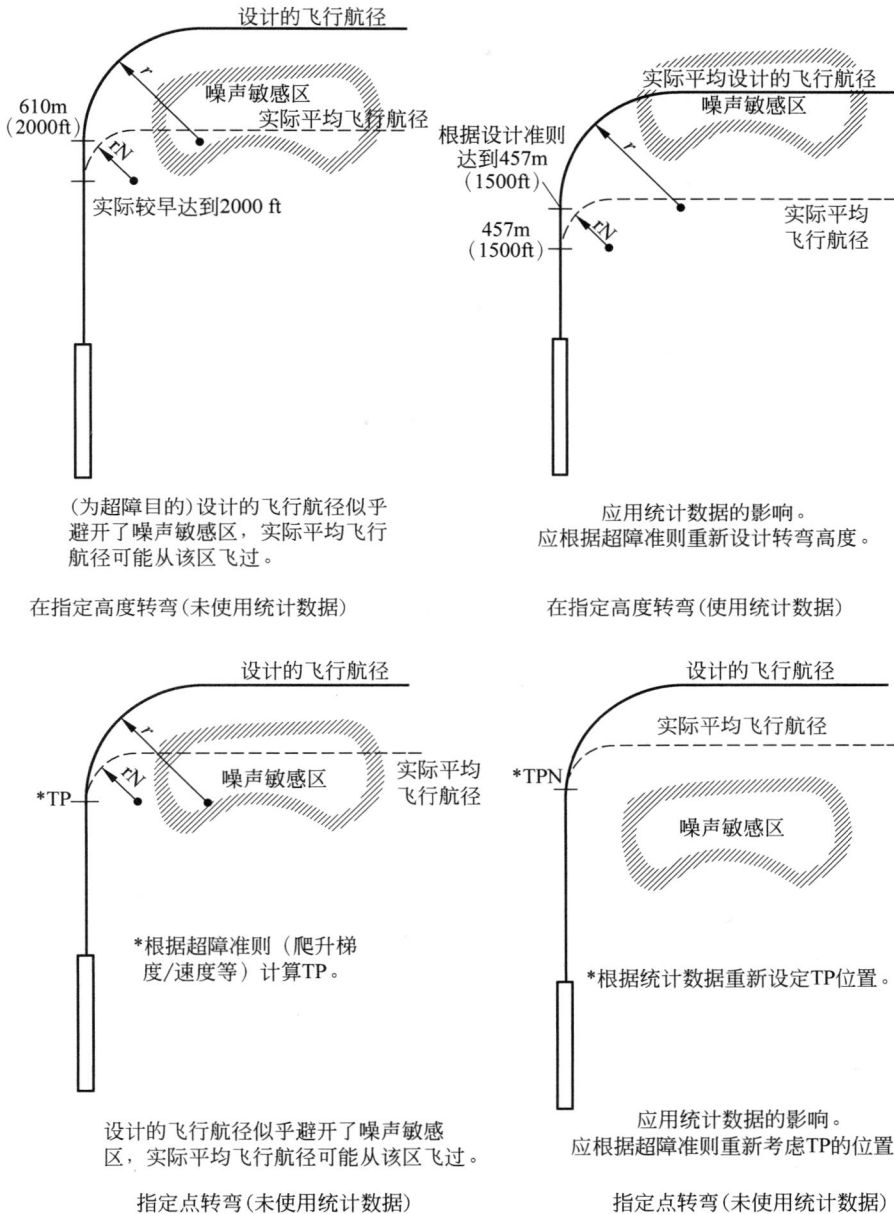

图 3-10　平均飞行航径

表 3-1 平均飞行径参数

与 DER 的距离	1.9 (1)	3.7 (2)	5.6 (3)	7.4 (4)	9.3 (5)	11.1 (6)	13 (7)	14.8 (8)	16.7 (9)	18.5 (10)	20.4 (11)	22.2 (12)	24.1 (13)
跑道以上的高度	130 (425)	259 (850)	389 (1275)	518 (1700)	648 (2125)	777 (2550)	907 (2976)	1037 (3401)	1167 (3827)	1296 (4252)	1476 (4677)	1556 (5103)	1685 (5528)
坡度	15	15	20	20	20	20	20	25	25	25	25	25	25
速度	356 (129)	370 (200)	387 (209)	404 (218)	424 (229)	441 (238)	452 (244)	459 (248)	467 (252)	472 (255)	478 (258)	483 (261)	487 (263)
与 DER 的距离	25.9 (14)	27.8 (15)	29.6 (16)	31.5 (17)	33.3 (18)	35.2 (19)	37 (20)	38.9 (21)	40.7 (22)	42.6 (23)	44.4 (24)	46.3 (25)	—
跑道以上的高度	1815 (5953)	1945 (6379)	2074 (6804)	2204 (7229)	2334 (7655)	2463 (8080)	2593 (8505)	2723 (8931)	2892 (9356)	2982 (9781)	3112 (10211)	3241 (10634)	—
坡度	25	25	25	25	25	25	25	25	25	25	25	25	—
速度	491 (265)	493 (266)	494 (267)	498 (269)	502 (271)	504 (272)	511 (276)	515 (278)	519 (280)	524 (283)	526 (284)	530 (286)	—

注：距离单位为 km(n mile)，高度单位为 m(ft)，坡度单位为度(°)，速度单位为 km/h(km)IAS。

3.5 起飞离场的噪声管理

噪声属于感觉公害,与其他有毒有害物质引起的公害不同。首先,噪声没有污染物,噪声在空中传播过程中并未给周围环境留下毒害性物质。其次,噪声对环境的影响不累积、不持久,传播距离也有限。噪声对环境的影响与其强度有关,噪声强度越强,其影响越大。50dB 以上就会对人类生活产生较大影响,80dB 以上即为噪声,90~100dB 噪声将损伤人的听力,100~120dB 噪声可以致聋。噪声会对居民健康造成严重的负面影响。

保护环境不仅要考虑物质环境污染,还要考虑无形的污染。控制噪声污染对于解决生态环境恶化有重要意义。当前随着民航发展水平的快速提升,航空器运行过程中产生的高强度噪声逐渐进入民众视线。民航运行的各飞行阶段都会产生高强度的噪声污染,其中起飞阶段噪声强度最高。因此尽管航空运行的整个区域都将产生噪声扩散,但对机场周边居民造成的负面影响最大。且因为机场周边起落航班分布密集,航空运行的强烈噪声将持续输出,使长期生活在高强度噪声环境下的居民身心健康受到严重影响。为满足民众对生活环境不断提高的要求,如何降噪在民航发展中已经提上日程。

针对机场周边尤其是起飞过程中产生的噪声污染,民航机场及航空公司积极响应民航管理局的政策引导,从飞行程序设计及飞行性能方面对起飞离场的噪声实施控制。在飞行程序设计方面,综合航空器起飞的平均航径,规划出合理的离场路径。如图 3-10 所示,平均航径的设计将尽量避开居民生活区上空。并在保证飞行安全的条件下,与居民生活区保持一定的距离进行飞越。飞越过程产生的高强度噪声,可以在远距离的传导过程中尽量消散,达到降噪环保的目的。在飞行性能方面,部分航空公司采用减推力起飞方法进行起飞优化。在航空器未满载的情况下,航空器的推力有余度,不需要全推力进行起飞也可以保障航空器的安全越障。此时,减推力条件下的航空器发动机使用功率降低,其工作时期产生的噪声也可以随之降低。最终同样达到降噪环保的目的。

环境保护不能仅着眼于有形有质的固液气态物质污染,还要考虑无形无质的各种类型的环境污染。根据 2022 年 6 月 5 日起实施的《中华人民共和国噪声污染防治法》,任何单位和个人都有保护环境的义务,同时依法享有获取噪声环境信息、参与和监督噪声污染防治的权利。排放噪声的单位和个人应当采取有效措施,防治、减轻噪声污染。全社会应当增强噪声污染防治意识,自觉减少社会生活噪声排放,积极开展噪声污染防治活动,形成人人有责、人人参与、人人受益的良好噪声污染防治氛围,共同维护生活环境和谐安宁。

3.6 离场程序实践应用

C 类航空器在某机场采用 RNP1 导航规范起飞离场,离场磁方向为 220°,离场方式为直线离场。机场周边障碍物如表 3-2 所示。请做出该机场直线的保护区,并根据保护区评估机场周边障碍物,确定最小离场爬升梯度。

表 3-2　机场障碍物

障碍物类型	X/m	Y/m	Z/m
电线杆	70	190	15
树	1200	140	17
塔	3700	570	100
建筑	5500	700	150
建筑	6300	1400	145
塔	8900	680	210
山	17200	3400	430
山	31000	1700	670

　　仪表进近程序可以分为 5 个单独的航段,即进场、起始、中间、最后和复飞航段。为使设计的程序达到安全、经济、简便和国际标准化的目的,在进行程序设计时,必须以中国民航局的相关规定和国际民航组织的规范为依据,结合当地条件,尽可能地采用最佳飞行程序模式,根据最佳飞行程序的要求,保证设计的航行参数恰当合理。

　　(1) 程序高度/高:航空业界已确认,大多数大型航空器的飞行事故发生在距着陆机场 19km(10n mile)范围内,为支持防止可控飞行撞地的倡议,仪表进近图不仅要提供保证超障余度所需的高度/高,还要提供程序高度/高。程序高度/高是为了使飞机在有相应超障余度的最低高度之上,并支持在最后进近航段上按指定梯度/角度稳定下降。程序高度/高能够使位于该高度/高的航空器正常地飞行切入,并按照规定的下降梯度飞行在最后进近航段上,而且以 15m/s 飞越跑道入口,在任何情况下,程序高度/高不低于 OCA/H。

　　(2) 航迹引导:航迹引导通常提供给所有飞行航段:进场、起始、中间、最后和复飞航段。如果不提供航迹引导,则应该扩大超障区。

　　(3) 航段的应用:只有当地条件要求的航段才能包含在程序中,在设计程序时,应该首先确定最后进近航段,因为它是所有航段中灵活性最小和最关键的航段。最后进近航迹确定后,其他必要的航段应该与之衔接,得到一个与当地交通流向相适应的有秩序的机动飞行路径。

　　(4) 下降梯度:下降梯度是飞机在单位水平距离内下降的高度,等于下降的高度与相应的水平距离之比,用百分数表示。本章介绍各航段规定的最佳和最大下降梯度。最佳下降梯度是运行中最优越的下降梯度,只有在用其他方法都无法满足超障要求时,才应超越最佳下降梯度,最大下降梯度不应超过各航段规定值。最佳和最大下降梯度取决于程序的类型和进近的航段。程序设计中至少是非精密进近程序的最后进近航段,以及其他适当航段所用的下降梯度,应当予以公布。

　　进近各航段在指定位的定位点开始和终止,但在某些情况下,如果没有或不需要定位点,某些航段可以从指定的点开始。进近航段的定位点名称与其后的航段一致,如起始航段从起始定位点开始,本章讨论的这些航段的顺序与驾驶员飞行整个程序的顺序一致,即从进场、经过起始和中间至最后进近,如需要,则复飞。

4.1 进场航线

标准仪表进场（STAR）程序可以为飞机提供脱离航路过渡到终端区的飞行方法[15]。一般情况下，STAR程序终止于仪表进近程序的起点。设置STAR程序的目的在于：其一，用图形的形式标绘从航路过渡到终端区的航路结构；其二，方便管制员利用STAR标注的进场航路代号发布进场指令，简化管制员与飞行员之间的通话程序

标准仪表进场程序航线是指一条指定的仪表飞行规则（instrument flight rule，IFR）进场航线，能够连接航路上重要航路点与仪表进近程序可以开始的航路点，使航空器能从航路阶段过渡到进近阶段。一条标准仪表进场程序航线可以服务于终端区内一个或多个机场。传统程序的一般规则经本章的修订及补充后适用于PBN进场程序。

1. 适用于PBN进场的导航规范

根据国际民航组织公布的指导性文件，PBN进场程序中可以使用的导航规范有RNP4、RNP2、RNP1、ARNP、RNP0.3、RNAV1、RNAV2及RNAV5[16]。具体的导航规范见第3章。

2. 进场程序的设计要求

标准仪表进场应该简单并易于理解，在程序中应只包括用于ATS目的和确定航空器飞行航迹时必不可少的导航设施、定位点或航路点。设计的标准仪表进场航线应该允许航空器沿航线导航，尽量减少雷达引导的需求。一个标准仪表进场程序应适用于尽可能多的航空类型。

3. 进场程序的保护区划设

对于保护区宽度的计算及这些计算中涉及的基本容差，针对适当的穿跟前，见第3章中的相关介绍。导航规范不同，则其进场航段的宽度也不同。进场航段到ARP距离超过56km（30n mile）部分的宽度与56km以内的部分，保护区宽度不同，需要将不同宽度的航段保护区进行衔接，保护区在宽度变化处以30°收缩角度进行收缩，具体衔接方法见第2章。

进场阶段的转弯运行参考图4-1和图4-2。进场阶段保护区的副区为保护区半宽的一半。

4. 进场程序的超障要求

（1）超障余度（MOC）：主区内的超障余度为300m（984ft），副区从主区外边界300m到副区边界线性减小到0m。

（2）最低超障高度/高：利用主区最高障碍物计算主区最低超障高度/高，然后逐一计算副区障碍物的最低超障高度/高，所有障碍物的最低超障高度/高中取最大值就是该航段的最低超障高度/高（OCA/H）。确定程序设计高度/高应不低于最低超障高度/高，并将空中交通管制的需求考虑在内。

【例】 某进场航线导航规范为RNP1，航线一侧有两障碍物，障碍物A高度为4500m，其与进场航线中心线的距离为3500m，障碍物B高度为3600m，与进场航线中心线的距离为1600m。则该进场航线的最低超障高度为多少？

解：进场航线保护区宽度为1/2AW＝1.5XTT＋BV＝1.5n mile＋2n mile＝3.5n mile＝6.482km。

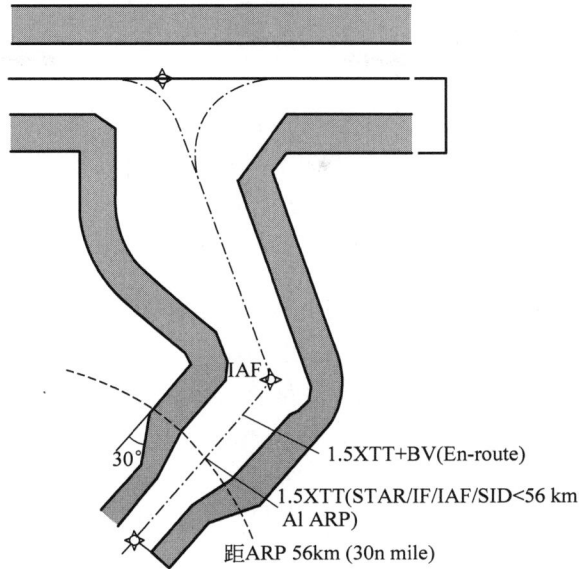

图 4-1 进场航段保护区（IAF≥56km）

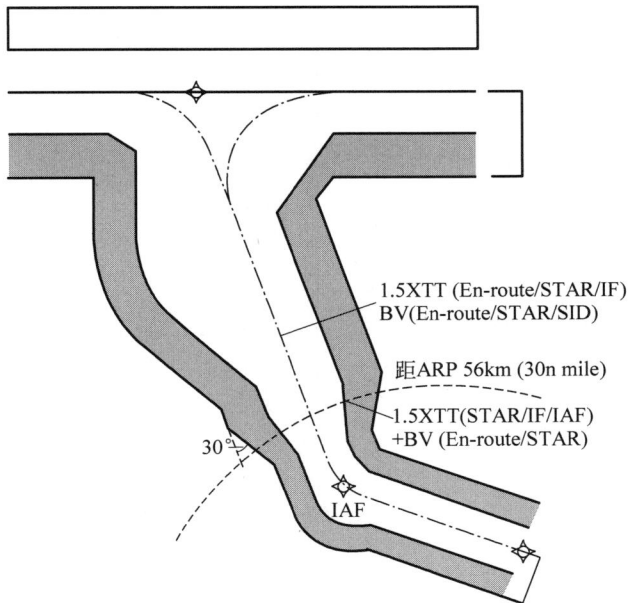

图 4-2 进场航段保护区（IAF≤56km）

障碍物 A 距离航线中心线 3500m，所以位于保护区副区。

副区的 MOC 为 $\text{MOC}_{主} * (6482-3500)/(6482/2)=276\text{m}$；

最低超障高度为 $4500+\text{MOC}=4500\text{m}+276\text{m}=4776\text{m}$；

障碍物 B 距离航线中心线 1600m＜6482/2，位于保护区主区，MOC 为 300m；

最低超障高度为 $3600\text{m}+300\text{m}=3900\text{m}$；

两个最低超障高度中取较大值 4776m 作为该航线的最低超障高度。

4.2 终端区进场高度

为方便下降和加入程序,终端区进场程序应提供终端区进场高度(terminal arrival altitude, TAA)。终端区进场高度基于 T 形或 Y 形的 PBN 程序,如最低扇区安全高度(minimum safety altitude,MSA)范围及高度设置适当,也可以用 MSA 替代 TAA 进行程序设计。

4.2.1 T 形和 Y 形结构

PBN 的非精密进近程序或采用 T 形或 Y 形布局的 APV 程序是基于中间航段之后的最后航段对正跑道,以及多至 3 个的起始航段分别位于最后进近航迹两侧和沿最后进近航迹,从而构成 T 形或 Y 形布局。T 形或 Y 形布局允许从任何方向直接加入程序,条件是从各 IAF(起始进近定位点)对应的加入区加入,加入区由 IAF 处包含的夹角确定。

侧边的起始进近航段是基于与中间进近航段成 70°～90°的航线角度差,这种布局保证从加入区之内加入时,在 IAF 处所需的航线角度改变不超过 110°。位于中间位置的起始航段可以从 IF(中间进近定位点)处开始。

如果一个或两个侧边的 IAF 都未提供,则不可能从所有方向都直接加入进近航段。这种情况下可以在 IAF 处提供一个等待程序,通过程序转弯加入该程序。如图 4-3、图 4-4 所示。

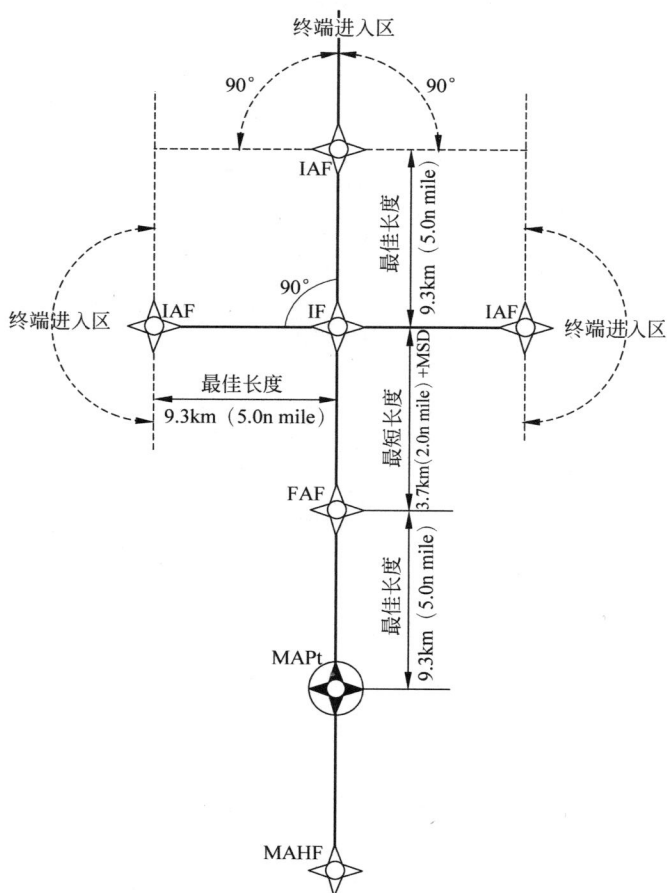

图 4-3　T 形程序设计

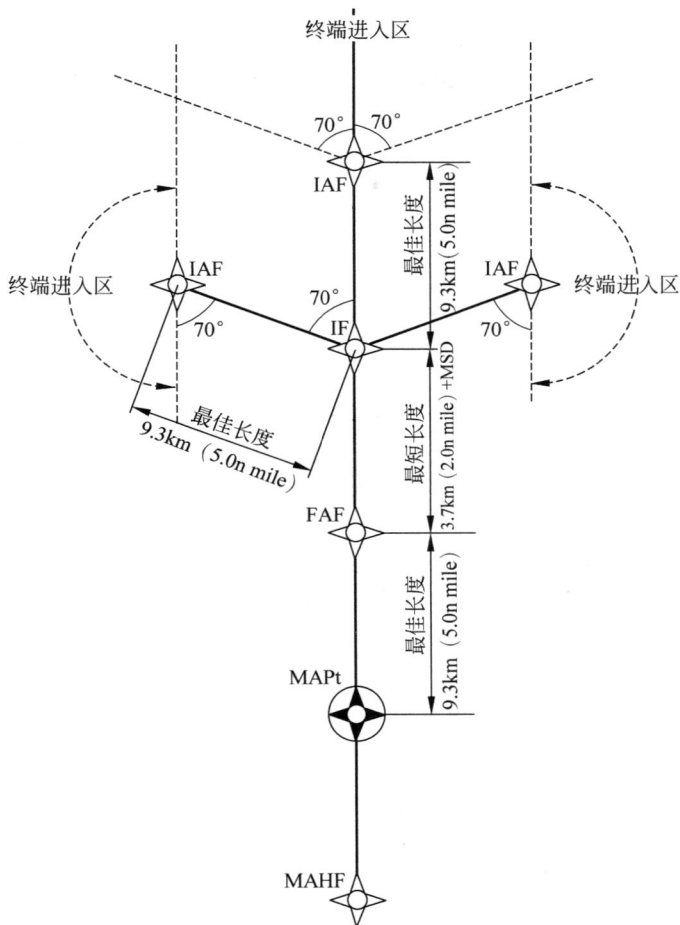

图 4-4　Y 形程序设计

4.2.2　TAA 的设计原则

TAA 的程序应以起始进近定位点或中间进近定位点为基准点进行设计。且标准的 Y 形及 T 形布局应包含 3 个 TAA，即长五边、左四边及右四边。

TAA 侧向边界由左四边及右四边起始航段的延长线确定,区域边界由半径为 46km (25n mile)的圆弧确定,圆弧的圆心为 3 个 IAF 点,或两个方向的 IAF 和不提供位于中间位置航段的 IF 点。每个 TAA 周围均有一个宽度为 9km(5n mile)的缓冲区。

4.2.3　TAA 高度的确定

(1) TAA 高度的确定:TAA 的高度计算应考虑在区域内最高障碍物上加至少 300m (1000ft)的超障余度并向上 50m 或 100ft 取整,如果程序中各 TAA 的高度差异不明显(即差异为 100m 或 300ft 左右),可以对 TAA 进行融合,设置适用于所有 TAA 的最低高度。

(2) 缓冲区内的障碍物:如果缓冲区内障碍物高于 TAA 区域内所有障碍物,则最低高度的计算应在缓冲区内障碍物最高标高上增加至少 300m,并将计算结果向上 50m 或 100ft 取整。如图 4-5、图 4-6 所示。

如果相邻的 TAA 差异不显著,即在 100m 或 300ft 以内,可以设立适用于所有 TAA 的最低高度。TAA 以仪表进近所基于的 RNAV 航路点为圆心,半径在 46km(25n mile)以内使用。飞越山区上方时,最低超障余度应增加 300m(1000ft)。

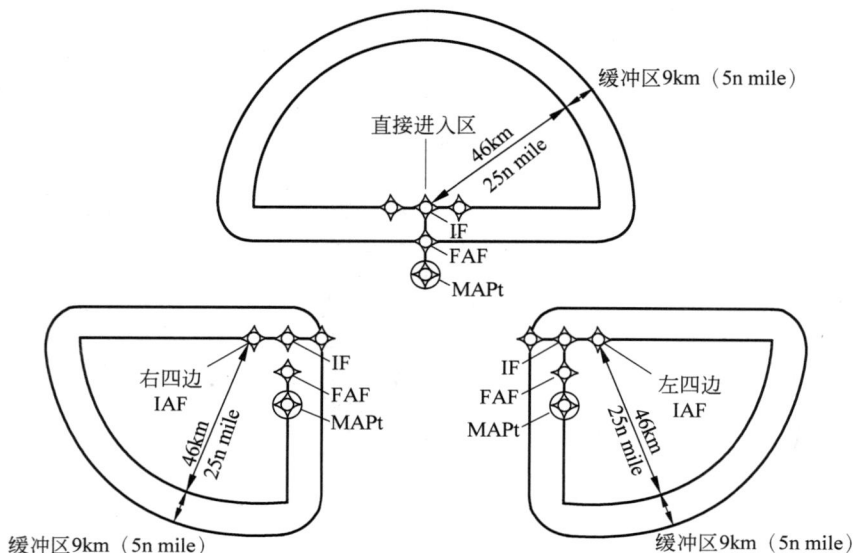

图 4-5　T 形布局

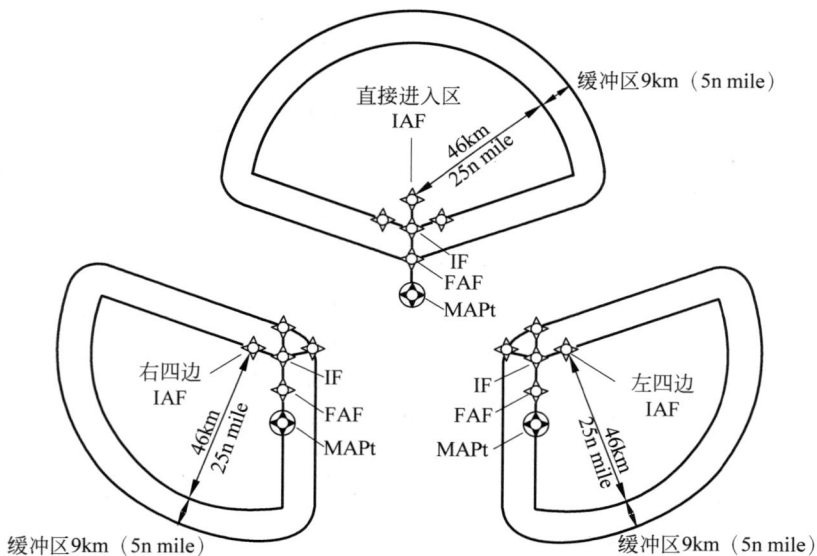

图 4-6　Y 形布局

4.2.4 TAA 梯阶下降和子扇区

考虑到地形差异、运行限制或下降梯度过大,可以再规定一条圆形边界,或称为"梯阶下降弧",将 TAA 划分为两个区域,较低的高度在内区。另外,长五边 TAA 可分为径向子扇区。见图 4-7 至图 4-9。

每个 TAA 限设一条梯阶下降弧,为避免划分的子扇区过小,梯阶下降弧距圆弧中心点和 25n mile 的 TAA 边界均不得小于 19km(10n mile)。

长五边 TAA 区也可以沿径向划分子扇区,任何包含梯阶下降弧的长五边 TAA 子扇区,其最小范围不得小于 45°;任何不包含梯阶下降弧的长五边 TAA 子扇区,其最小范围不得小于 30°。左侧和右侧 TAA 区只能设置梯阶下降弧,不得再划分径向子扇区。毗邻的梯阶下降弧和毗邻的子扇区之间的缓冲区宽度为 9km(5n mile)。

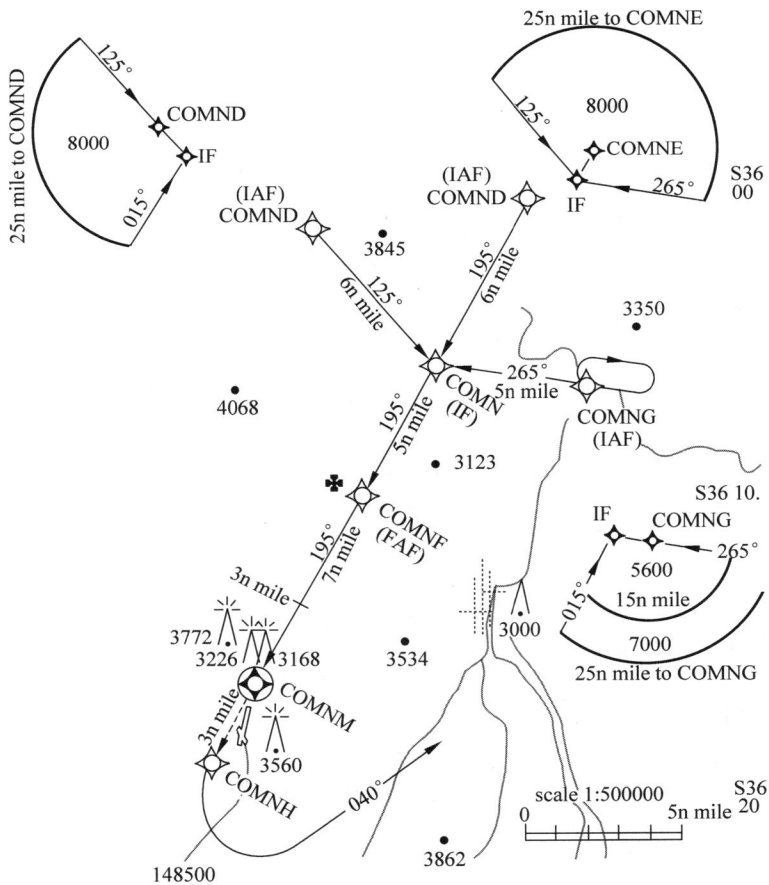

图 4-7 TAA 的 Y 形图标布局

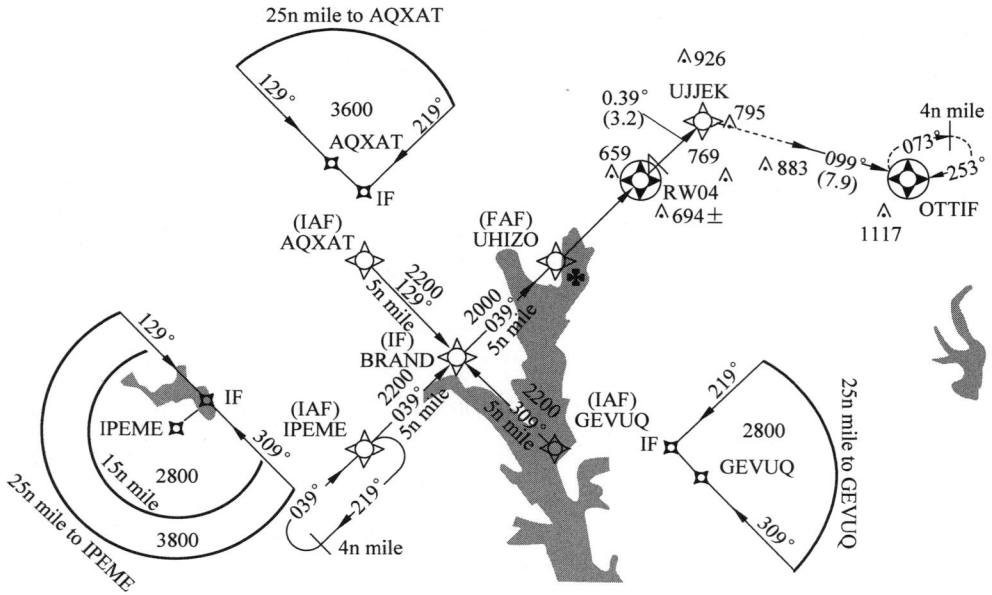

图 4-8　TAA 的 T 形图标布局

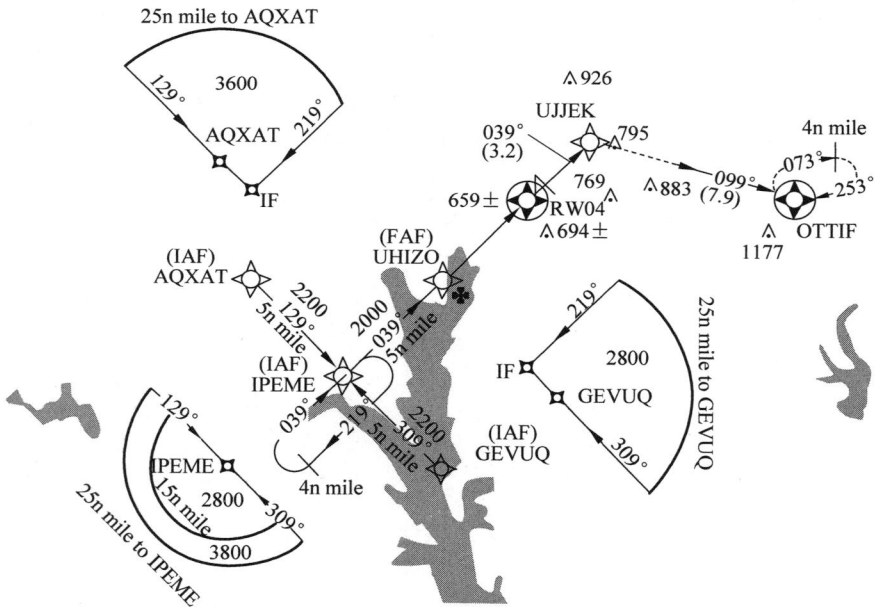

图 4-9　没有中间的起始进近时 TAA 的 T 形图标布局

4.3　最低扇区高度

　　最低扇区高度(MSA)也称为扇区最低安全高度,是紧急情况下规定扇区可以使用的最低安全高度。每个已建立仪表进近程序的机场都应确定最低扇区高度。

1. 扇区的划分

在 PBN 程序中,最低扇区高度是以进近着陆跑道基准点(ARP)为中心,以 46km(25n mile)为半径的圆形扇区内可以使用的最低高度。这个最低高度在扇区内所有物体之上提供最小 300m(1000ft)的超障余度。

最低扇区通常按照罗盘象限,即进入的磁方向为 0°、90°、180°和 270°,划分为 4 个扇区,但因地理条件或其他原因,扇区边界也可以选择其他方位,以取得最佳的最低扇区高度。如图 5-10 所示,根据地形和障碍物情况,分别以 140°、210°、300°的磁方向为界将整个区域划分为 3 个扇区,从而将最高障碍物的影响限制在最小范围(图中 210°~300°扇区)内。在各扇区边界之外 9km(5n mile)以内的范围为该扇区的缓冲区。对于非 T 形或 Y 形 RNAV 仪表进近程序,须设定 MSA 以替代 TAA。

2. 最低扇区高度的确定

最低扇区高度等于该扇区(包括缓冲区)内的最高障碍物标高加上至少 300m(984ft)的超障余度,然后以 50m 或 100ft 向上取整。如果各最低扇区高度之间差别不大(如大约 100m 或 300ft),则所有扇区可规定一个最低扇区高度。在山区最低超障余度应予以增加,增加的数值最大可达 300m,即在山区飞行时,最低超障余度应为 300~600m。通过上述方法确定的 MSA,必须公布在标准仪表进场图、仪表进近图和标准仪表离场图上。

4.4 起始进近程序

起始进近航段起始于 IAF。在起始进近航段中,航空器做机动飞行进入中间航段。如果 IF 是航路结构的一部分,就不必再规定起始进近航段。在这种情况下,仪表进近程序从中间定位点开始,并使用中间航段的准则[17-18]。

1. 航迹对正

非精密进近程序,起始进近航迹和其他起始航迹之间的切入角度不应大于120°。应避免航路点的航迹改变大于90°。大于90°转弯应该设立多于一个的航路点或使用 RF 航段处理。起始进近航迹和中间进近航迹的切入角不应大于90°。

有垂直引导的进近程序和精密进近程序,起始进近航迹和中间进近航迹之间的切入角不应大于90°。

2. 航段长度

对于 GNSS 导航规范,起始进近航段的最佳长度为 9km(5n mile)(H 类为 6km(3n mile))。如果起始进近之前为进场航线,则最短长度为 11.1km(6n mile)以允许进行衔接。

3. 下降梯度

最佳下降梯度为 4%,H 类为 6.5%。如果为避开障碍物需要采用更大的梯度,则最大允许下降梯度为 8%,H 类为 10%。如果起始进近速度(IAS)限制为 165km/h(约 90kn),则最大下降梯度限制为 13.2%。

4. 超障余度

起始进近航段主区的最小超障余度应为 300m(984ft)。在副区的内边界超障余度为300m(984ft),至副区的外边界线性减小至 0。

5. 反向程序

如果3个起始航段边都可用,则无须使用反向程序。如果一个边不能使用,可在其一个或两个IAF处设置直角航线,尽量避免使用反向程序。

6. 等待

等待航线可在任意IAF处设置,并应对正起始航段航迹。

【例】 起始进近航段采用RNP APCH导航规范进近,IF处航段高度最低为1000m,距IF 2000m处有一高为800m的障碍物,且该障碍物位于保护区主区范围内。则起始航段最小下降梯度为多少?

解:障碍物高度为800m,最小超障高度为800m+300m=1100m,则

$$(1100-1000)/2000=5\%$$

即最小下降梯度应为5%。

起始进近航段梯度要求可知:4%<5%<8%,所以可将5%的下降梯度作为起始进近航段的下降梯度。

4.5 中间进近航段

中间进近航段起始于IF处,终止于FAF处,中间进近航段是起始进近航段与最后进近航段之间的过渡航段,用于调整航空器外形、速度和位置,使航空器平稳地进入最后进近航段。

1. 航迹对正

非精密进近:中间进近航段应尽可能与最后进近航段对正,如果要求在FAF处转弯,则旁切转弯角度不得超过30°(H类不得超过60°)。

对于气压垂直引导的进近程序,中间进近航段应该对正最后进近程序,如果要求在FAF处有一个旁切转弯,则转弯角度不应超过15°(H类不应超过30°)。不允许飞越转弯。

对于SBAS APVⅠ和CATⅠ标准,中间进近航段应对正最后进近航段,不允许在FF/FAP有旁切和飞越转弯。

如果中间航段包含一个RF航段并在FAF处结束,则适用以下标准。

(1) RF航段的航迹角度改变不超过45°。

(2) 最小转弯半径为4723m(2.55n mile)。

2. 航段长度

中间航段由两部分组成——正切IF的转弯部分和紧随其后FAF之前的直线部分。直线长度是变化的,但不得小于3.7km(2n mile)。这使航空器在飞越最后进近航路点之前得以稳定。转弯部分的长度是在IF处的转弯角度对应的最短稳定距离。当使用RF航段时,包含曲线和直线航段的总长度不得低于3704m(2n mile)。

3. 中间进近保护区宽度

总的保护区宽度通过连接IF和IAF的保护区宽度得到,副区原则使用。

4. 下降梯度

中间进近航段的作用是调整航空器速度和外形以便进入最后进近航段。因此,在中间进近航段应保持平飞,后者至少包含一个平飞段。

如果必须下降高度,则最大允许的下降梯度为 5.2%(H 类为 10%),或者,如果中间进近 IAS 最大速度限制为 165km/h(90kn),则最大允许的下降梯度为 13.2%。在这种情况下,应该在 C 类和 D 类航空器最后进近之前,提供最小长度为 2.8km(1.5n mile)的平飞段。对于针对 A 类和 B 类航空器的运行程序,该最小长度可以降至 1.9km(1.0n mile)。对于减速和进行各种形态变换的航空器,应该在最后进近航段之前,留有足够的长度。

5. 超障余度

在中间进近航段的主区内须提供最小 150m(492ft)的超障余度,副区的内边界须提供 150m(492ft)的超障余度,至副区外边界线性减小至 0。

【例】 中间进近航段主区内有一障碍物高 400m,要求中间进近航段保持最佳下降梯度进近,则中间进近航段的最小超障高度为多少?

解:中间进近航段的最佳下降梯度为 0%,为平飞段,因此该航段无下降高度。

中间进近的 MOC 为 150m。

$$OCA = MOC + 障碍物高度 = 150m + 400m = 550m$$

中间进近航段的最小超障高度为 550m。

4.6 最后进近航段(非精密进近)

在最后进近航段,要实现着陆的对正和下降。最后进近航段的仪表飞行阶段始于 FAF 处终于 MAPt 处。最后进近航段的仪表段需提供航迹引导。最后进近的实施可以向跑道直接着陆或向机场盘旋进近。

1. 航迹对正

在任何可能的情况下,最后进近及其航迹引导都应对正跑道。最后进近偏置会增加驾驶员操作的复杂性,因此只有在因机场或障碍物问题而不允许有其他选择时,方可设计偏置的最后进近。最后进近偏置航迹不可作为消除噪声的措施。如果没有对正跑道的航迹引导,且无 OCH/A 不利影响,则最多可以偏置 5°。超出这些限制条件的情况,都必须采用盘旋进近。

1) 直线进近

最后进近航段为直线进近的非精密进近航段对正,一般分为两种情况,如图 4-10 所示。

(1) 航迹与跑道中线延长线不相交。当满足距跑道入口 1400m 处,航迹位于跑道中线延长线侧向 150m 之内的条件时,可以制定不与跑道中线延长线相交的最后进近($\theta \leqslant 5°$)。

(2) 航迹与跑道中线延长线相交。须满足以下条件。①夹角限制:对于 A/B 类飞机,夹角不得超过 30°;对于其他类别飞机,夹角不得超过 15°。②距离限制:跑道入口至最后进近航及与跑道中线交点的距离不得小于 1400m。

(3) 直升机最后进近航迹。对于直升机,最后进近航迹与最后进近和起飞区(FATO)轴线的夹角不超过 30°,相交处距 FATO 不得小于 400m。如果最后进近航迹不与 FATO 的延长轴相交,则在距 FATO 400m 处,航迹应该在该轴线侧向 75m 之内。

2) 盘旋进近

由于运行原因,对于位置不适合做直线进近的跑道,在完成仪表之后包含目视飞行阶段盘旋进近,以将航空器引导至可以在跑道上着陆的位置。此外,当最后进近航迹对正或下降

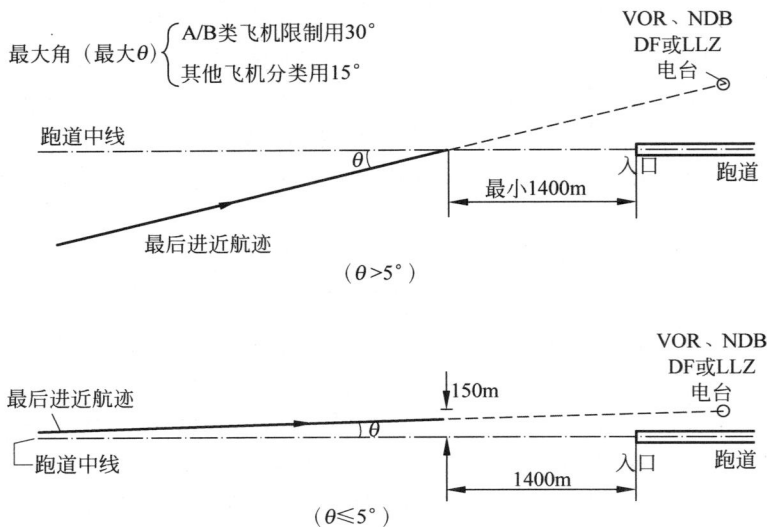

图 4-10　最后直线进近航迹对正

梯度不能满足直线着陆标准时,只应批准盘旋进近,且理想的航迹应对正着陆区中心。必要时,最后进近的对正航迹可以飞越可用着陆的某些部分,在特殊情况下,可以对正到机场边界以外,但任何情况下都不得超出可用着陆面之外 1.9km(1.0n mile)。

2. 航段长度

所有有 FAF 点的最后进近航段的最佳长度为 9.3km(5n mile),最小最后进近的长度及从 FAF 处至入口处的最小距离不得小于 5.6km(3.0n mile)。如在 FAF 上空有转弯,则最后进近航段最短长度与航空器在 FAF 上空的转弯角度有关,如表 4-1 所示。

表 4-1　最后进近航段最短长度

航空器类型	FAF 上空转弯角度			
	≤10°	20°	30°	60°
D 和 D_L	5.6km(3.0n mile)	5.6km(3.0n mile)	6.5km(3.5n mile)	
E	5.6km(3.0n mile)	6.5km(3.5n mile)	7.4km(4.0n mile)	
H	1.9km(1.0n mile)	2.8km(1.5n mile)	3.7km(2.0n mile)	5.6km(3.0n mile)

注:本表中的数据可用内插值代替,如果需要转弯大于 30°(H 类为 60°),或者本表中规定的最短长度对于程序不可用,则不规定直线进近的最低运行标准,仅公布目视盘旋的 OCH/OCA。

3. 下降梯度

最小最佳下降梯度/角度:有 FAF 的非精密进近最后进近航段的最小/最佳下降梯度为 5.2%(精密进近或垂直引导进近为 3°)。不应采用比最佳下降梯度更大的下降梯度,除非所有避开障碍物的其他方法都尝试过。因为更大的下降梯度可能导致下降率超过某些航空器最后进近的建议限制。

最大下降梯度/角度:本段提供有关适用于进近程序最大下降梯度/角度的指导。由于超障余度的原因,当某些程序无法满足本段规定的最大下降梯度/角度要求时,应该首先考虑更先进的能够提供垂直引导的进近类型,从而可能使下降梯度/角度处于限制范围以内。

如果由于运行原因这种做法不可行,而选择一个超过最大下降梯度/角度的进近程序,则该进近程序应该通过一个航行研究且需得到国家主管部门的特殊批准。

最大下降梯度如下所述。

(1) 有 FAF 的非精密程序:A 类和 B 类航空器的非精密进近为 6.5%;C 类、D 类和 E 类航空器为 6.1%;H 类航空器为 10%。但是,当存在运行需要,且在 FAF 处的转弯角度小于或等于 30°时,可以采用最大 13.2%的梯度,前提是最后进近速度最大限制为 IAS 130km/h(LAS 70kn),并将使用的梯度绘制在进近航图上。

(2) 无 FAF 的非精密进近最后进近航段不使用下降梯度而使用下降率,如表 4-2 所示。

(3) 有垂直引导的进近最大下滑角为 3.5°。

(4) 精密进近:Ⅰ类精密进近为 3.5°,Ⅱ/Ⅲ类精密进近为 3°。

表 4-2　无 FAF 的非精密进近最后进近航段下降率

航空器类别	下 降 率	
	最大	最小
A、B 类	200m/min(655ft/min)	120m/min(394ft/min)
H 类	230m/min(755ft/min)	
C、D、E 类	305m/min(1000ft/min)	180m/min(590ft/min)

4. 超障余度

非精密直线进近航迹与跑道中线的交角不超过 5°时,OCA/H 必须在最后进近保护区内的障碍物之上提供以下最小超障余度。

(1) 有 FAF 时,75m(246ft)。

(2) 无 FAF 时,90m(295ft)。

4.7　进近航段保护区划设

PBN 程序设计中,需要为各航段设置相应的保护区。非精密进近航段的保护区是以划设的进近航迹为中心线,两侧对称划设。进近航段的保护区在航线两侧分别有主区和副区,两侧主区和副区的宽度均为保护区半宽的一半,主区在内,副区在外。

4.7.1　直线进近保护区的划设

直线进近保护区以进近航迹为中心线,两侧对称设置。保护区半宽计算公式为

$$1/2AW = 1.5XTT + BV$$

式中,AW 为保护区宽度,XTT 为偏航容差,BV 为缓冲值。根据各航段不同的导航规范,其赋值可在第 3 章中查找。根据进近航段不同,可将上式分别列出。

进近航段保护区半宽:

$$1/2AW = 1.5XTT + BV_{终端区}$$

FAF 点处保护区宽度:

$$1/2AW = 1.5XTT_{FAF} + BV_{终端区}$$

75

最后进近航段：

$$1/2AW=1.5XTT_{MAPt}+BV_{最后进近}$$

由于导航规范及 BV 值在不同飞行航段取值不同,保护区的宽度在进近航段也不能始终保持不变。下面对进近航段保护区的宽度变化及相应位置的衔接进行说明。

若 IAF 在距机场基准点 56km(30n mile)以外的区域,则起始进近保护区宽度在距机场基准点 56km(30n mile)之后的一个 ATT 处,从 $1/2AW_{IF/IAF/复飞>56km(30n mile)}$ 以 30°角度收缩至 $1/2AW_{IF/IAF/复飞\leqslant56km(30n mile)}$。并在 FAF 处,以 FAF 处的保护区宽度,用 30°角连接 $1/2AW_{IF/IAF/复飞\leqslant56km(30n mile)}$ 及最后进近航段的保护区宽度 $1/2AW_{最后进近}$。

若 IAF 在距机场基准点 56km(30n mile)以内的区域,则起始进近保护区及中间进近保护区宽度为 $1/2AW_{IF/IAF/复飞\leqslant56km(30n mile)}$。并在 FAF 处,以 FAF 处的保护区宽度,用 30°角连接 $1/2AW_{IF/IAF/复飞\leqslant56km(30n mile)}$ 及最后进近航段的保护区宽度 $1/2AW_{最后进近}$。如图 4-11所示。

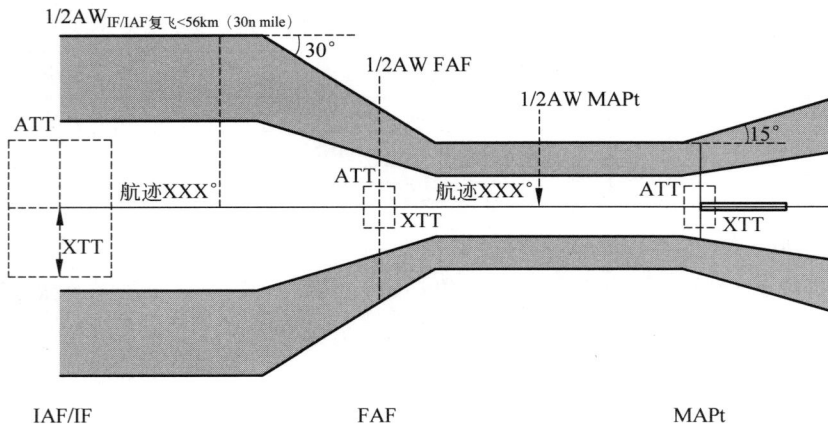

图 4-11　非精密直线进近 RNP APCH 保护区

【例】　进近航段的导航规范为 RNP APCH,复飞点位于跑道入口处,FAF 点位于跑道入口之前 20km 处,中间进近航段长度为 10km,IAF 点位于跑道入口之前 40km 处。请根据以上条件计算出各航段宽度,并绘制进近航段的保护区。

解:

起始进近航段保护区宽度如下:

起始进近航段的 XTT 为 1,BV 为 1n mile;

$$1/2AW=1.5XTT+BV=1.5n\ mile+1n\ mile=2.5n\ mile$$

中间进近航段保护区宽度为

中间进近航段的 XTT 为 1,BV 为 1n mile;

$$1/2AW=1.5XTT+BV=2.5n\ mile$$

最后进近航段保护区宽度为

FAF 点保护区宽度,XTT 为 0.3,BV 为 1n mile;

$$1/2AW=1.5XTT+BV=1.45n\ mile$$

最后进近航段,XTT 为 0.3,BV 为 0.5n mile;

$$1/2AW=1.5XTT+BV=0.95n\ mile$$

在 FAF 点处宽度为 1.45n mile 位置做 30°的斜线,连接 2.5n mile 与 0.95n mile 宽度保护区,即为保护区衔接。

图略,参考图 4-11。

4.7.2 进近航段转弯保护区划设

如进近航段包含转弯程序,则需根据转弯角度采用不同的转弯保护区划设方法。

(1)风螺旋/边界圆方法:在 IAF 或 IF 转弯,且转弯角度大于 30°时,在 FAF 转弯,且转弯角度大于 10°。

(2)圆弧方法:在 IAF 或 IF 转弯,且转弯角度小于或等于 30°时,在 FAF 转弯,且转弯角度小于或等于 10°。

转弯保护区副区的宽度与所处航段一致,延伸至与下段航段的保护区位置。

4.8 进近程序的越障分析及公布

所有航段均应设定和公布程序高/高度,且确定的程序高/高度应不小于最低超障高/高度,并应配合空中交通管制的要求。超障高度/高(OCA/H)是指按照有关超障准则确定的最低高度/高。其中超障高度是以平均海平面为基准,而超障高是以入口标高为基准(非精密进近时以机场表为基准,如果跑道入口低于机场标高 2m 以上,则以跑道入口为基准;盘旋进近的基准为机场标高。

MOC 是指飞越保护区障碍物上空时,保证飞机不与障碍物相撞的最小垂直间隔。飞行程序设计中,主区应提供全超障余度,副区的超障余度应从主区边界的全超障余度向副区边界线性减小为 0。

进近航段的全超障余度根据所处航段的不同而不同,如表 4-3 所示。

表 4-3　各航段的全超障余度

航 段 名 称	MOC
起始进近航段	300m
中间进近航段	150m
最后进近航段	有 FAF,75m 无 FAF,90m

副区的超障余度线性减小至 0,可用以下公式计算出副区任意一点的超障余度。

$$MOC'=\frac{L-l}{L/2}\times MOC$$

式中,L 为该点所在位置的保护区半宽;l 为该点到标称航迹的垂直距离;MOC 为该点位置的全超障余度。

由此可知,起始进近航段主区内超障高为

$$OCH = \max(H_{obs1}, H_{obs2}, \cdots, H_{obsn}) + 300$$

起始进近航段副区内超障高为

$$OCH = \max(H_{obs1}, H_{obs2}, \cdots, H_{obsn}) + MOC'_{起始}$$

中间进近航段主区内超障高为

$$OCH = \max(H_{obs1}, H_{obs2}, \cdots, H_{obsn}) + 150$$

中间进近航段副区内超障高为

$$OCH = \max(H_{obs1}, H_{obs2}, \cdots, H_{obsn}) + MOC'_{中间}$$

按照超障余度规则选定的起始进近航段及中间进近航段的OCH/OCA,应该按50m或100ft向上取整。

直线进近最后进近航段对正跑道进近时,主区内超障高为

$$OCH = \max(H_{obs1}, H_{obs2}, \cdots, H_{obsn}) + 75/90$$

直线进近最后进近航段对正跑道进近时,副区内超障高为

$$OCH = \max(H_{obs1}, H_{obs2}, \cdots, H_{obsn}) + MOC'_{中间}$$

应该为每个仪表进近程序和盘旋程序公布一个OCH/OCA,对非精密进近程序,该OCH/OCA应该以5m或10ft为增量向上取整。

OCA则可将OCH计算公式中的障碍物高换为障碍物高度进行计算得到。

最后进近航段未对正跑道的进近,即最后进近航迹与跑道延长线有夹角时,OCH/A的最低限制与该夹角有关,且当标称下降梯度大于5.2%时,5.2%之上每增加1%的梯度,OCH/A的最低限制在表4-4的基础上再增加18%。

表4-4 OCH最低限制 m(ft)

航空器类别	OCH 最低限制	
	$5° < \theta \leqslant 15°$	$15° < \theta \leqslant 30°$
A	105(340)	115(380)
B	115(380)	125(410)
C	125(410)	
D	130(430)	
E	145(480)	

4.9 课程实例实践

采用 RNP APCH 导航规范;IAF、IF、FAF 均在跑道延长线上;IF处距跑入口22km,FAF 与 IF 间距离 9km,IAF 与 IF 之间为 9.26km,MAPt 位于跑道入口。在进近航段上有 Obs_1、Obs_2、Obs_3、Obs_4、Obs_5 及 Obs_6 六个障碍物,如表 4-5 所示。分别计算起始进近航段及中间进近航段的最低超障高度。

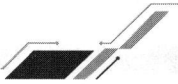

表 4-5　进近航段障碍物　　　　　　　　　　　km

障碍物（山）	X（到跑道入口的距离）	Y（到标称航迹的距离）	Z（障碍物标高）
Obs_1	27	1.56	0.53
Obs_2	30	3.70	0.64
Obs_3	18	1.64	0.32
Obs_4	14	2.40	0.45
Obs_5	5.8	0.63	0.14
Obs_6	12	1.81	0.21

计算思路：

判断障碍物所在航段：

（1）障碍物 Obs_1、Obs_2 在 IF 点之前、IAF 点之后，为起始进近航段的障碍物。

RNP1 的起始进近保护区半宽为

$$1/2AW = 1.5XTT_{进近<56km} + BV_{终端<56km} = 1.5 \times 1.852km + 1.852km = 4.63km$$

主区宽度为保护区半宽的一半，即 2.315km。所以障碍物 Obs_1 位于主区，障碍物 Obs_2 位于副区。由于障碍物为山，应在障碍物之上考虑 15m 树高。

$$Obs_1 : OCA_1 = A_{Obs1} + 15 + MOC = 530m + 15m + 300m = 845m$$

$$Obs_2 : MOC_2' = \frac{1/2AW - l}{1/4AW} \times MOC = 120.5m$$

$$OCA_2 = A_{Obs2} + 15 + MOC_2' = 640m + 15m + 120.5m = 775.5m$$

综上所述，起始进近航段中 Obs_1 为控制障碍物，OCH 为 845m，向上 50m 取整为 850m。

（2）障碍物 Obs_3、Obs_4 位于 IF 点之后，IAF 点之前，为中间进近航段的障碍物。

RNP1 的中间进近航段保护区半宽为

$$1/2AW = 1.5XTT_{进近<56km} + BV_{终端<56km} = 1.5 \times 1.852km + 1.852km = 4.63km$$

主区宽度为保护区半宽的一半，即 2.315km。所以障碍物 Obs_3 位于主区，障碍物 Obs_4 位于副区。由于障碍物为山，应在障碍物之上考虑 15m 树高。

FAF 处保护区半宽为

$$1/2AW = 1.5XTT_{FAF} + BV_{终端<56km} = 1.5 \times 0.556km + 1.852km = 2.685km$$

中间进近航段缩减处为 FAF 前：$(1/2AW_{IF} - 1/2AW_{FAF})/\tan 30° = 3369m$，FAF 位于跑道入口前 13000m，因此中间进近航段缩减位置位于跑道入口前 16369m 处。

障碍物 Obs_3：

该障碍物位于中间进近航段开始缩减处之前，其所在位置保护区宽度为 4.63km。该障碍物距标称航迹的垂直距离为 1.64km，小于保护区半宽的一半，位于主区：

$$OCA_3 = A_{Obs3} + 15 + MOC_3 = 320m + 15m + 150m = 485m$$

障碍物 Obs_4：

该障碍物位于中间进近航段开始缩减处之后，其所在位置的保护区宽度为

$$1/2AW = (14000 - 13000) \times \tan 30°m + 2685m = 3263m$$

该障碍物到标称航迹的距离大于保护区半宽的一半,因此在副区。

$$\mathrm{Obs}_4: \mathrm{MOC}_4' = \frac{1/2\mathrm{AW} - l}{1/4\mathrm{AW}} \times \mathrm{MOC} = 79.4\mathrm{m}$$

$$\mathrm{OCA}_4 = A_{\mathrm{Obs4}} + 15 + \mathrm{MOC}_4' = 450\mathrm{m} + 15\mathrm{m} + 79.4\mathrm{m} = 544.4\mathrm{m}$$

综上所述,中间进近航段中 Obs_4 为控制障碍物,OCH 为 544.4m,向上 50m 取整为 550m。

(3) 障碍物 Obs_5 及 Obs_6 均在 FAF 之后、MAPt 之前,为最后进近航段障碍物。RNP APCH 最后进近航段的保护区半宽计算公式为

$$1/2\mathrm{AW} = 1.5\mathrm{XTT}_{\mathrm{MAPt}} + \mathrm{BV}_{最后进近} = 1.5 \times 0.556\mathrm{km} + 0.926\mathrm{km} = 1.76\mathrm{km}$$

Obs_5 在保护区的主区内,其超障余度应为 75m。

$$\mathrm{OCA}_5 = A_{\mathrm{Obs5}} + 15 + \mathrm{MOC}_{最后} = 140\mathrm{m} + 15\mathrm{m} + 75\mathrm{m} = 230\mathrm{m}$$

障碍物 Obs_6 所处位置的保护区半宽为

$$1/2\mathrm{AW} = 2685 - (13000 - 12000) \times \tan 30°\mathrm{m} = 2108\mathrm{m}$$

障碍物 Obs_6 距标称航迹 $>1/2$ 保护区半宽,即该障碍物位于保护区副区,其越障余度为

$$\mathrm{Obs}_6: \mathrm{MOC}_6' = \frac{1/2\mathrm{AW} - l}{1/4\mathrm{AW}} \times \mathrm{MOC} = 22\mathrm{m}$$

$$\mathrm{OCA}_6 = A_{\mathrm{Obs6}} + 15 + \mathrm{MOC}_6' = 210\mathrm{m} + 15\mathrm{m} + 22\mathrm{m} = 247\mathrm{m}$$

综上所述,最后进近航段中 Obs_6 为控制障碍物,OCH 为 247m,向上 5m 取整为 250m。

4.10　复飞航段(非精密进近)

复飞航段作为进近程序中的一个组成部分,起始于 MAPt 终止于航空器,按最小爬升梯度爬升到能够加入航路或开始等待的高度/高的航路点。该高度/高允许航空器进行一次进近,或回至指定的等待航线,或重新开始航线飞行。复飞程序中,如果没有公布复飞爬升梯度,则采用标准的复飞梯度 2.5%。

4.10.1　复飞程序构成

复飞程序原则上包含三个阶段:复飞起始段、复飞中间段及复飞最后段。

1. 复飞起始段

复飞起始段起始于 MAPt 最早定位位置,终止于开始爬升点(SOC)。在这个阶段,驾驶员需要集中注意力操纵飞机,特别是建立爬升和改变飞机构型,并假定在机动过程中不使用引导设备,因此此阶段不允许改变航向。

2. 复飞中间段

复飞中间段起始于 SOC,持续延伸到取得并保持 50m(H 类为 40m)超障余度的第一个点。复飞爬升的标称梯度为 2.5%,在航空器的爬升性能允许并在运行上有利时,也可以使用 3%、4% 或 5% 的爬升梯度。如果能提供必要的测量和安全保护并经有关当局批准,也可用 2% 的梯度。如未使用标准爬升梯度(2.5%),则必须在进近图中加以说明,并标明适用于教程梯度和非标称梯度的双重 OCA/H。

此阶段复飞航迹可以从 SOC 开始做不大于 15°的转弯。

3. 复飞最后段

复飞最后段是复飞中间段的后续飞行航段,起始于复飞中间段的终点,即获得并保持 50m(H 类为 40m)超障余度的第一点;终止于开始一次新的进近、等待或回到航路上的一点。这个阶段可以根据需要转弯。规定复飞航段终点的航路点不得早于以各航段规定爬升梯度的航空器达到相应航路最低高度或等待最低高度的位置。

4.10.2 复飞点及起始爬升点的确定

1. 复飞点位置及定位容差

1) 复飞点位置

PBN 复飞程序中,复飞点应定义为飞越航路点。对于对正跑道的复飞,复飞点应位于跑道入口或跑道入口之前,最佳位置为跑道入口。当最后进近航段没有对正跑道中线时,最佳位置在最后进近航道与跑道中线延长线的交点处,如图 4-12 所示。如有必要,可以将 MAPt 从跑道入口向 FAF 方向移动。前提是 OCA/H 应该不低于 5.2%(3°)的标称下降梯度或公布的更大下降梯度上 MAPt 所在位置的高度/高。为满足这个条件,可能需要增加 OCA/H。

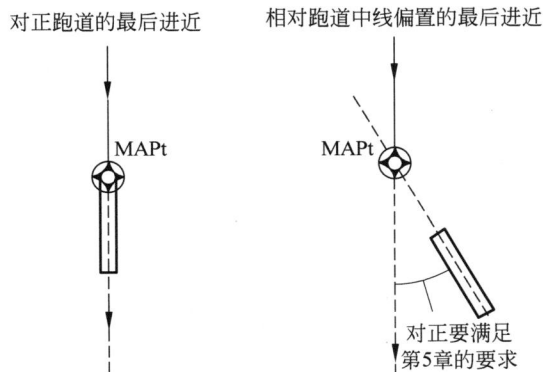

图 4-12 MAPt 点的位置

2) 复飞点容差

MAPt 容差区的纵向限制规定如下。

(1) MAPt 容差的最早限制(最早确定 MAPt 的位置):通过复飞点容差区最早点(标称 MAPt 前一倍 ATT 距离处),并且垂直于标称复飞航迹的位置。

(2) MAPt 容差区的最晚限制:为复飞点容差区最晚点(标称 MAPt 之后一倍 ATT 距离)之后沿复飞方向移动一个距离 d 的航迹垂直线。这个距离 d 相当于给定类别航空器以最后进近最大速度加顺风 19km/h(10kn)飞行 3s(飞行员反应时间)的距离,即

$$d = (TAS_{最后进近最大值} + 19) \times 3/3600 \quad 单位为 km$$

$$d = (TAS_{最后进近最大值} + 10) \times 3/3600 \quad 单位为 n\ mile$$

各类航空器最后进近的 IAS 根据规定的最后进近最大指示空速、机场海拔高度及该高度上的标准气温加 15℃计算而来。

【例】 假设机场标高 400m,请根据上式计算出各类航空器 d 值。

解:

A 类飞机:由表 2-1 可知,A 类航空器最后进近最大指示空速为 185km/h,对温度与高度进行换算后,其最后进近最大真空速为 193km/h,即 0.0537m/s;

根据上式计算可得:$d=0.0537×3km+19×3/3600km=0.18km=0.09n\ mile$;

重复以上步骤可以得到 B、C、D、E 和 H 类航空器的 d 值,结果如表 4-6 所示。

表 4-6 各类航空器的 d 值

航空器类别	A	B	C	D	E	H
d 值/km	0.18	0.23	0.27	0.32	0.39	0.16
d 值/n mile	0.10	0.12	0.15	0.18	0.21	0.09

2. 起始爬升点的确定

进近复飞航段的起始爬升位置需要计算确定,之后可以通过起始爬升位置进行超障计算。起始爬升点位于 MAPt 最晚限制之后的一个过渡容差(X)。

过渡容差(X)是飞机从进近下降状态过渡到复飞爬升,用于改变飞机外形和飞行航径所需要的修正量,其值为航空器在最后进近航段的最大速度(正真空速 TAS)加上 19km/h (10kn)顺风飞行性 15s 的(H 类为 5s)距离:

$$X=(TAS_{最后进近最大值}+19)×15/3600 \quad 过渡容差单位为 km$$

$$X=(TAS_{最后进近最大值}+10)×15/3600 \quad 过渡容差单位为 n\ mile$$

各类飞机最后进近的最大速度通过查表 2-7 可得,机场标高及标准气温加 15℃计算。

【例】 假设机场标高 400m,请根据上式计算出各类航空器过渡容差值。

解:

A 类飞机:由表 2-1 可知,A 类航空器最后进近最大指示空速为 185km/h,对温度与高度进行换算后,其最后进近最大真空速为 193km/h 即 0.0537m/s;

根据上式计算可得:$d=0.0537×15km+19×15/3600km=0.89km=0.48n\ mile$。

重复以上步骤可以得到 B、C、D、E 和 H 类航空器的 d 值,结果如表 4-7 所示。

表 4-7 过渡容差值

航空器类别	A	B	C	D	E	H
过渡容差值/km	0.89	1.13	1.36	1.58	1.93	0.27
过渡容差值/n mile	0.48	0.61	0.74	0.89	1.04	0.15

复飞各阶段的起止位置及复飞点、起始爬升点的位置如图 4-13 所示。

【例】 假设机场标高 400m,请根据上图计算出各类航空器 SOC 与复飞点的距离。

解:

A 类航空器:

根据以上两个例题可知,A 类航空器的 d 值为 0.18km,过渡容差为 0.89km,SOC 与复飞点距离为两值之和:$d=0.18km+0.89km=1.07km=0.58n\ mile$。

由此可知,B、C、D、E 和 H 类航空器的 SOC 与复飞点之间的距离如表 4-8 所示。

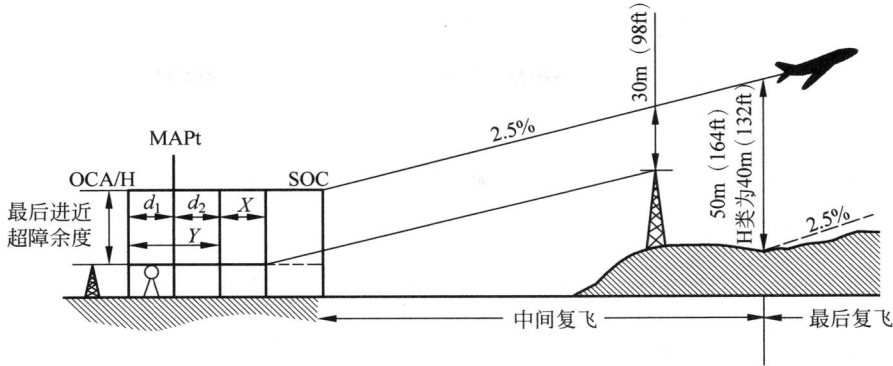

图 4-13　复飞各阶段及 MAPt、SOC 点位置

表 4-8　SOC 位置

航空器类别	A	B	C	D	E	H
SOC 位置/km	1.07	1.36	1.63	1.9	2.32	0.43
SOC 位置/n mile	0.58	0.73	0.89	1.07	1.25	0.24

4.10.3　复飞航段保护区及障碍物评估

复飞程序主要包含两种复飞方式,即直线复飞与转弯复飞。直线复飞是指转弯角度不大于 15°的复飞,而转弯复飞是指转弯大于 15°的复飞。

1. 直线复飞保护区

1) 直线复飞保护区划设

在直线复飞程序中为确定最后进近和复飞的最低超障高度,选定复飞点和起始爬升点,在完成最后进近航段最低超障高度计算之后,必须进行直线复飞的超障计算,检查直线复飞的超障余度。

直线复飞保护区的起点位于 MAPt 定位容差最早点（MAPt 前 ATT 处）,宽度等于最后进近航段在该点处的宽度,保护区从该点开始向复飞航迹两侧扩展 15°,直至达到复飞航段保护区宽度（28km 以内:$1/2AW=1.5XTT_{复飞}+BV_{最后进近}$）,如图 4-14 所示。在保护区内距机场基准点（ARP）15n mile 和 30n mile 处,BV 将分别变为 0.5n mile 和 1.0n mile（见表 2-3）,可得到距机场基准点 15n mile 和 30n mile 处保护区半宽值（见表 2-4、表 2-5）。需要注意的是在距机场基准点 15n mile 和 30n mile 前一倍 ATT 距离处,以当前保护区宽度按照 15°角的扩张角扩展至下一阶段的宽度。

2) 直线复飞的超障余度

直线复飞的超障余度根据复飞程序的结构,可分为三部分进行讨论。

（1）复飞起始阶段:主区的超障余度与最后进近部分的超障余度相同,有 FAF 时,为 75m,无 FAF 时,为 90m。

（2）复飞中间阶段:主区要求超障余度为 30m,因为复飞中间阶段为爬升过程,所以该障碍物限制面也是相同梯度的爬升面。

（3）复飞最后阶段:主区的超障余度为 50m,与复飞中间阶段类似,障碍物限制面是一

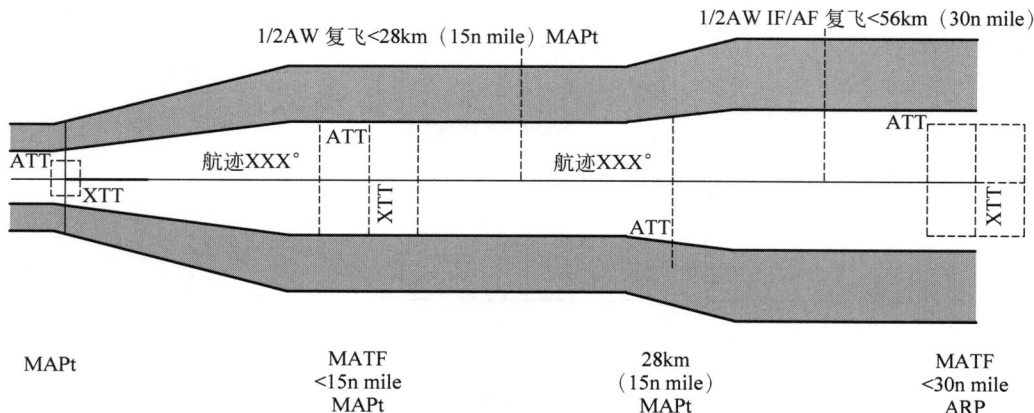

图 4-14　复飞航段保护区

个与爬升航迹相平行的爬升面。

为简化计算,通常将复飞中间阶段的超障余度规定为 50m 与复飞最后阶段相同。

3) 直线复飞的越障检查

起始复飞航段的 MOC 与最后进近航段的 MOC 相同,主区的 OCH 计算方法为

$$OCH = \max(H_{obs1}, H_{obs2}, \cdots, H_{obsn}) + 75/90$$

副区的 OCH 计算方法为

$$OCH = \max(H_{obs1}, H_{obs2}, \cdots, H_{obsn}) + MOC'$$

中间复飞航段的超障余度为 30m,障碍物超障限制形成了一个以复飞梯度向上爬升的复飞面。所有主区障碍物应在复飞面以下:

$$H_{Obs} \leqslant d \cdot PDF + OCH - 30$$

式中,d 为障碍物到 SOC 的距离;PDF 为复飞爬升梯度(固定翼飞机标称爬升梯度为 2.5%,H 类飞机标称爬升梯度为 4.2%);OCH 为起始复飞航段的超障高。

副区障碍物应满足:

$$H_{Obs} \leqslant d \cdot PDF + OCH - MOC'$$

最后复飞航段的超障余度为 50m,所有主区障碍物均需在复飞面以下,满足:

$$H_{Obs} \leqslant d \cdot PDF + OCH - 50$$

式中,d 为障碍物到最后复飞段起始位置距离;PDF 为复飞爬升梯度;OCH 为起飞复飞航段的超障高。

副区障碍物应满足:

$$H_{Obs} \leqslant d \cdot PDF + OCH - MOC'$$

MOC′应采用副区越障余度计算公式计算得到。

2. 转弯复飞保护区及超障余度

转弯复飞适用于以下两种情况:为重新进近、转至指定的等待点或转向航线飞行(飞往备降机场);为避开直线复飞前方危及安全的障碍物。转弯复飞在复飞过程中应避免在复飞起始阶段及中间阶段进行,且最后阶段的转弯角度应大于 15°。

根据确定转弯位置方式的不同,可以将转弯复飞划分为两种:指定高度/高转弯和指定

点转弯。一个起始于最后进近航迹的转弯复飞,必须绘制转弯复飞的保护区。转弯复飞在转弯之前的保护区划设使用直线复飞准则。

1) 指定高度/高转弯

(1) 指定高度/高转弯保护区的划设。

规定高度/高转弯可以避开直线复飞无法避开的障碍物,包括直线复飞方向必须避开的障碍物和位于直线复飞航迹正切方向的障碍物,转弯以后必须以适当的余度飞越。指定高度/高转弯要求在开始转弯至一个规定的航路点之前,爬升至一个规定的高度/高。

指定高度转弯的保护区包括转弯起始区和转弯区两部分。一般在爬升到指定转弯高度/高后,后续衔接 DF 航段,直飞下一个航路点。

① 转弯起始。固定高度转弯要求航空器在爬升到设置高度/高后开始进行转弯,由于航空器性能和复飞开始点不同,航空器达到指定高度/高的位置不同。最早转弯点可以设置在 MAPt 之前一个 ATT 距离,保护区从 MAPt 在复飞航迹两侧以 15°扩展至 MATF 处的宽度(主区加副区)。转弯起始区的保护区划设与直线复飞方式相同。

② 转弯区。转弯区可以划分为转弯内边界及转弯外边界两部分。

转弯外边界的绘制如下。

a. 转弯外边界主区的确定。

首先,确定转弯最晚点(TP$_{晚}$),TP$_{晚}$位于飞机以 2.5% 的爬升梯度从起始爬升点爬升至指定高度/高后,再飞行 6s(飞行员技术容差,即驾驶员反应时间 + 建立坡度时间)所处的位置。其次,从主区的 TP$_{晚}$ 做风螺旋或边界圆。再次,从下一航段的航路点做该风螺旋/边界圆的切线,该切线即最晚的标称航迹。以最晚标称航迹为基准,根据导航规范和到机场基准点的距离做该标称航迹的保护区半宽。最后,将最晚标称航迹外扩 15°后,平移至与风螺旋/边界圆相切的位置,延伸至与下一航段保护区主区相交处为止。

转弯外边界副区的确定:副区边界与主区平行,副区宽度延续转弯处的副区宽度。直至与下一航段保护区副区相交。

b. 转弯内边界的绘制。

复飞最早转弯的位置一般为 MAPt 之前一倍 ATT 距离处。当程序不禁止在 MAPt 之前转弯时,程序可以在 FAF 转弯,即最早转弯点为 FAF 前一倍 ATT 距离处。但无论是 MAPt 还是 FAF 作为最早转弯点,如图 4-15 所示,其保护区划设方法如下所述。

转弯内边界主区的确定:首先,将主区的最早转弯点(TP$_{早}$,即 MAPt 或 FAF 前一倍 ATT 距离处)与下一航段航路点连线,即最早标称航线。其次,根据最早标称航线、下一航段的导航规范和缓冲值做下一航段的保护区主区及副区宽度。最后,将最早转弯点处的标称航线外扩 15°,与下一航段的主区保护区相交,得到主区内边界。

转弯内边界副区的确定:从副区的最早转弯点处做与主区平行的线,直至与下一航段的保护区副区相交。

(2) 指定高度/高转弯的超障余度。

指定高度/高转弯需考虑在转弯起始区和转弯区的超障要求。

① 转弯起始区主区超障:直线复飞超障余度的规定使用至转弯位置。且转弯起始区应保证满足开始转弯的超障要求,即达到 50m 的超障余度。

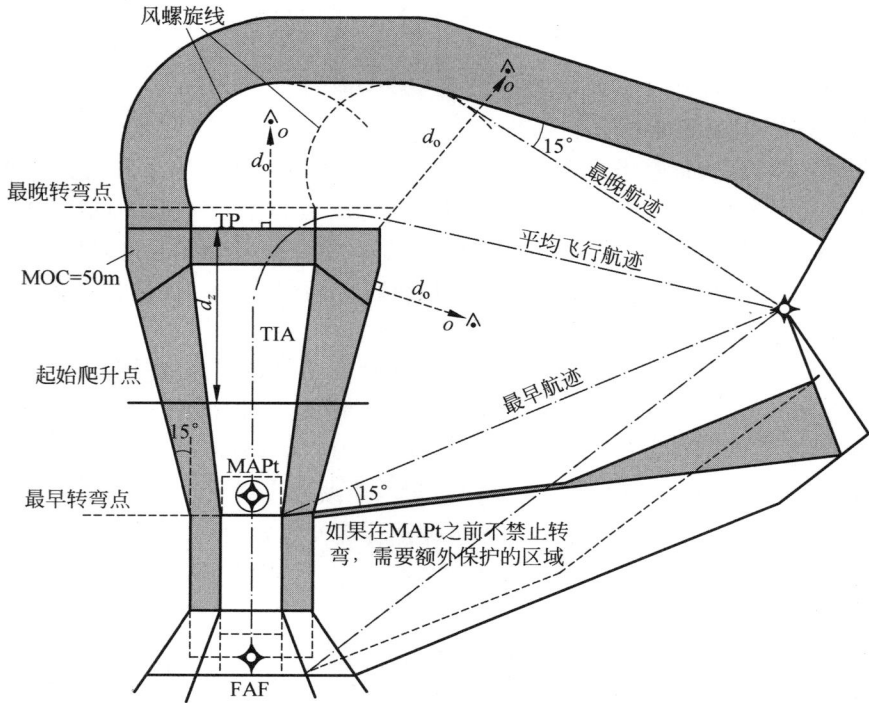

图 4-15 指定高度/高转弯的保护区划设(后衔接 DF 航段)

② 转弯区主区的超障余度为 50m。

③ 副区超障余度:副区超障余度为从主区边界的 50m 到副区边界的 0 线性递减。

指定高度/高转弯障碍物评估分为转弯起始区障碍物及转弯区障碍物评估。

a. 复飞转弯起始区。

主区障碍物需满足直线复飞的越障要求,即 $H_{Obs} \leq d_z^* \cdot \text{PDF} + \text{OCH} - 30$,此处的 PDF 为复飞爬升梯度(固定翼飞机标称爬升梯度为 2.5%,直升机为 4.2%),OCH 为最后进近航段的超障高。d_z^* 为障碍物所在位置到 SOC 的距离。

并且转弯复飞要求转弯高度与障碍物有至少 50m 的超障余度,即障碍物满足 $H_{Obs} \leq$ TNH-50,TNH 为转弯高。

b. 复飞转弯区。

转弯区障碍物应满足:

$$H_{Obs} \leq d_o \cdot \text{PDF} + \text{TNH} - 50$$

式中,d_o 为障碍物到转弯起始区的最短距离。

计算副区障碍物最大高度时,将主区的超障余度用副区超障余度替换即可。

2) 指定点转弯复飞

为避开复飞前方障碍物或加入下一飞行阶段,可以为复飞指定一个转弯点,使其能够避开前方障碍物进行转弯复飞。飞机达到转弯点后,向预定航路点复飞。

在指定点转弯中,直线复飞的准则可用于最早转弯位置,即转弯点之前一倍 ATT 距离处。转弯点可以是旁切航路点(FB),也可以是一个飞越航路点(FO)。相应的定位容差由

采用的导航规范确定。

（1）指定点转弯的保护区划设。

① 转弯起始区的保护区划设。

直线复飞的保护区划设原则同样适用于指定点转弯复飞的复飞起始区保护区划设。根据导航规范及从 MAPt 最早点以 15°角扩张至复飞段的保护区半宽，直至转弯点位置。

② 转弯点为旁切航路点转弯区保护区划设。

首先，需确认最早转弯点，旁切转弯的最早转弯点位于旁切航路点之前一倍 ATT 距离加上转弯起始距离。其次，根据最早转弯点确定最晚转弯点，该点位于最早转弯点之后一倍 ATT 再加上飞行员反应时间，3s 的顺风（19km/h）飞行时间。如表 5-1 所示。

旁切转弯后一般衔接"TF"航段，TF 航段的标称航迹为转弯点与下一航段航路点的连线。以最晚转弯点为起点做主区风螺旋/边界圆，然后与下一航段标称航迹的保护区按照保护区原则进行衔接，其衔接原则与转弯保护区相同。主区最早转弯点位置做与标称成转弯角度一半的主区保护区边界。副区边界与主区平行，转弯区的宽度延续前一航段保护区副区宽度。

③ 转弯点为飞越航路点转弯区保护区划设。

首先，确认最早转弯点，飞越转弯的最早转弯点位于飞越航路点之前一倍 ATT 距离处。其次，最晚转弯点航路点一倍 ATT 加上飞行员反应时间和建立坡度的时间，共计 12s 的顺风（19km/h）飞行时间。如表 4-5 所示。

旁切转弯后可衔接 TF、CF 或 DF 航段。

TF 及 CF 航段的标称航迹为转弯点与下一航段航路点的连线。以最晚转弯点为起点做主区风螺旋/边界圆，然后与下一航段标称航迹的保护区按照保护区原则进行衔接，其衔接原则与转弯保护区相同。主区最早转弯点位置做与标称成转弯角度一半的主区保护区边界。副区边界与主区平行，转弯区的保护区外边界宽度延续前一航段保护区副区宽度。内边界副区以最早转弯点为起点划设。

DF 航段的最晚标称航迹为下一航段航路点与最晚点主区位置的风螺旋/边界圆的切线，外边界主区边界为：最晚标称航线外扩 15°后，平移至与风螺旋/边界圆相切的位置，与后续航段的主区相接。最早标称航线为主区位置的最早转弯点与下一航段的航路连线。内边界主区边界为最早标称航线外扩 15°，与后续航段的保护区主区相接。副区外边界与主区边界平行，内边界副区以最早转弯点为起点划设。

（2）指定点转弯的超障余度。

指定高度/高转弯需考虑转弯起始区和转弯区的超障要求。

① 转弯起始区主区超障：将直线复飞超障余度的规定用于转弯位置。且转弯起始区应保证满足开始转弯的超障要求，即达到 50m 的超障余度。

② 转弯区主区的超障余度为 50m。

③ 副区超障余度：副区超障余度为从主区边界的 50m 到副区边界的 0m 线性递减。

指定点转弯障碍物评估分为转弯起始区障碍物及转弯区障碍物评估。

a. 复飞转弯起始区。

指定点转弯复飞的转弯起始区需满足直线复飞对障碍物的要求：

$$H_{\text{Obs}} \leqslant d_z^* \cdot \text{PDF} + \text{OCH} - 30$$

且转弯位置障碍物需满足转弯位置 50m 超障余度要求：

$H_{\rm Obs} \leqslant d_{\rm o} \cdot \text{PDF} + \text{OCH} - 50, d_{\rm o}$ 为最早转弯位置（K-K 线）到 SOC 的距离。

b. 复飞转弯区。

转弯区航迹应在障碍物之上至少 50m，即

$$H_{\rm Obs} \leqslant (d_{\rm o} + d_{\rm z}) \cdot \text{PDF} + \text{OCH} - 30$$

式中，$d_{\rm o}$ 为 SOC 到最早转弯位置（K-K 线）距离；$d_{\rm z}$ 为障碍物到 K-K 线的距离。

计算副区障碍物最大高度时，将主区的超障余度用副区超障余度替换即可。

3）在 MAPt 转弯复飞

在 MAPt 转弯时指驾驶员确定航空器在爬升航径上后就开始转弯，使用 OCH/A 作为转弯高/高度。MAPt 为飞越航路点，因此其保护区划设原则与飞越航路点转弯复飞相同。其最早转弯点及最晚转弯点的确定如表 2-22 所示。

4.11　梯级下降定位点

梯级下降定位点（SDF）是在一个航段内确认已安全飞越控制障碍物，允许再进行下降的定位点。在有条件的地方，建立梯级下降定位点可以获得航行的好处。例如，在进场、起始进近和中间进近，通过建立梯级下降减小该航段的最低超障高度，可以为 IAF、IF、FAF 的高度选择提供有利条件。当进近航段过长时，通过建立梯级下降保持基本的 MOC 和降低 OCA，为降低机场运行标准提供有利条件。

从航路飞行阶段至最后进近航段，设有梯级下降定位点的程序应该根据定位点所在的航段提供相应的超障余度。最后进近航段最好只规定一个梯级下降定位点。如果在 PBN 程序的最后进近航段使用梯级下降定位点，则应该专门为这种梯级下降定位点规定一个 OCA/H。

起始和中间进近航段的梯级下降定位点应分别符合 IAF 和 IF 的标准，而在最后进近航段应符合 FAF 的标准。

需要注意的是，在最后进近航段使用 SDF，应该计算两个下降梯度（g_1 和 g_2）。

（1）计算 FAF 与梯级下降定位点之间的下降梯度（g_1）。

d_1 为 FAF 至 SDF 的水平距离。

h_1 为 FAF 的高与 SDF 的高之间的垂直距离。

（2）计算梯级下降定位点与进近跑道入口之间的下降梯度（g_2）。

d_2 为 SDF 至跑道入口的水平距离。

h_2 为 SDF 的高度/高与跑道入口之上 15m 之间的垂直距离（H 类为跑道入口之上 10.7m）。

对于短跑道（代码为 1 或 2），跑道入口可低至 12m。

4.12　进近程序的目视航段保护区

所有直线仪表进近程序都应该得到针对目视航段内障碍物的保护。针对此类障碍物，为进近程序规定了目视航段面（VSS），用于保证飞机着陆前目视航段内飞行的安全。对着陆前目视航段内的障碍物进行检查，确保无障碍物穿透目视航段面。

1. 目视航段面水平范围的确定

（1）由航向台或类似航向台的设施提供侧向引导（LOC、APVⅠ类、APVⅡ类和精密进近）最后进近航迹对准跑道中心线的程序，基准宽度等于《国际民用航空公约附件 14——机场》（以下简称附件 14）中规定的内进近面宽度，起始于跑道入口前 60m，沿跑道中心线平行向外延伸，终止于 VSS 高度达到 OCH 的位置。如图 4-16 所示。

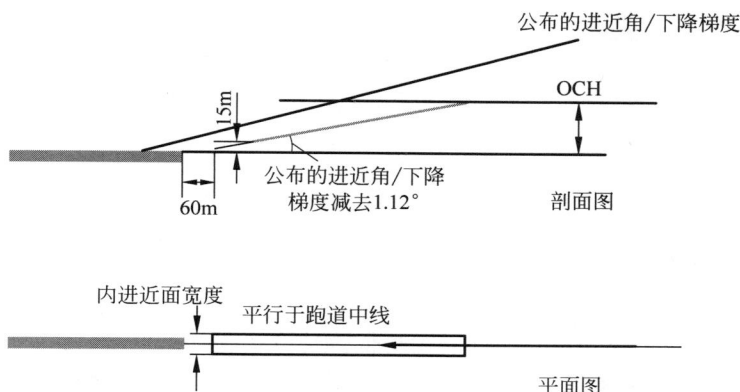

图 4-16　目视航段面程序有航向台或类似航向台引导对准跑道中心线

（2）其他直线仪表进近程序

① 基准宽度等于跑道升降带的宽度，即跑道基准代码为 3 和 4 的跑道升降带宽度为 300m（跑道中线延长线两侧各 150m），跑道基准代码为 1 和 2 的跑道升降带宽度为 150m（跑道中线延长线两侧各 75m），起始于跑道入口前 60m，以 15% 的梯度在跑道中线延长线两侧向外扩张，终止于 VSS 高度达到 OCH 的位置。如图 4-17 所示。

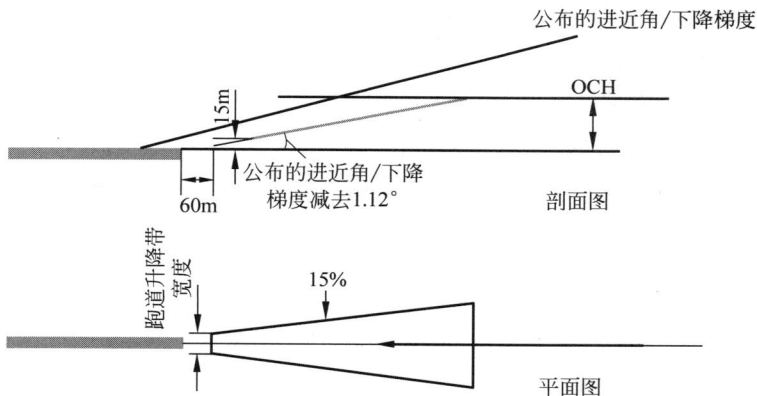

图 4-17　其他常规直线进近程序的目视航段面

② 最后进近航迹偏置并与跑道中线延长线相交，最靠近最后进近航道一侧的扩张应该增加相应的偏置角度。如图 4-18 所示。

③ 最后进近航迹偏置但不与跑道中心延长线相交，最靠近最后进近航道一侧应该增加一定的距离，该距离等于最后进近航迹在跑道入口 1400m 处的偏置距离。如图 4-19 所示。

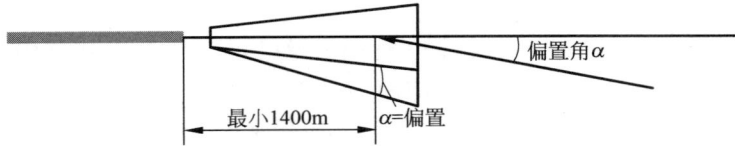

图 4-18　与跑道中心线相交的偏置最后进近的目视航段水平面

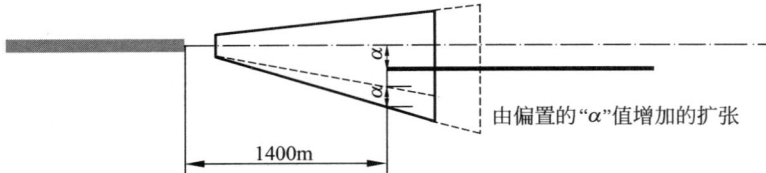

图 4-19　与跑道中线平行的偏置最后进近的目视航段水平面

2. 目视航段面的坡度

VSS 在垂直方向上起始于跑道入口高度,上升坡度为公布的进近程序下降角度减去 1.12°,如进近程序下降角度为 3°,则目视航段面的坡度为 1.88°。

3. 穿透 VSS 的障碍物

若有障碍物穿透 VSS,则须进行航行研究,否则该进近程序不得公布。对于穿透 VSS 的障碍物进行补救的处理措施包括移除或降低障碍物、提高下降梯度/角度和/或跑道入口内移。在评估 VSS 时,可不考虑低于跑道入口之上 15m 的障碍物。临时移动的障碍物也无须考虑。对于任何穿透 VSS 的障碍物应表示在仪表进近航图上。

4. 障碍物超障面

若无法通过补救措施处置穿透 VSS 的障碍物,但又有航行方面的要求,需飞行员在进近中不破坏稳定进近的前提下避开这些障碍物。对于这种情况下这些穿透 VSS 的障碍物可以用障碍物超障面(OCS)进行处理,要求所有障碍物不得穿透障碍物超障面。

1)障碍物超障面的水平范围

(1)对于有航向道或类似航向道进行水平方向引导的程序(如仅 LOC、APVⅠ和精密进近),其最后进近航迹应与跑道中心线对齐。

障碍物超障面起始于 THR/LTP。起始宽度为每侧跑道边缘外扩 30m。从 THR 向跑道反方向延伸至入口之前 60m 的点到达目视航段面的宽度,并保持该宽度一直延伸至公布在剖面上的 OCH(OCH 点)。

OCH 点位于跑道入口之前 D 处:

$$D=(OCH-RDH)/\tan(VPA)$$

(2)所有其他直线仪表进近程序

OCS 起始于 THR/LTP,一直延伸至公布在剖面图的 OCH（OCH 点）。起始宽度为每侧跑道外扩 30m。在 OCH 点的半宽为

$$E=120+D\tan2°$$

2)障碍物超障面的垂直范围

(1)当跑道入口基准高(RDH)为 15m 或更小时,OCS 起始于跑道入口高度,当 RDH

大于 15m 时,为跑道入口高之上。

(2) OCS 的上升倾角(θ)有以下几种规定。

① 对于非精密进近,θ 为已公布的进近程序角度减 1°。

② 对于 APV Baro,θ 为最小低温 VPA 减 0.5°。

③ 对于几何垂直引导的 VPA,θ 为已公布的 APV 减 0.5°。

注:按照 ICAO 标准安装的机场灯管、机场标记及相关设备造成的穿透可不予考虑。灵位 OCS 方法不适用于大于 3.5°的进近程序。

如果最后进近航道偏置并与跑道中心延长线相交,则在 OCS 到达"OCH 点",向最后进近航道偏置一侧垂直延伸距离 E。在最后进近航道靠近跑道中心线的一侧,该区域垂直于最后进近航道进行延伸,直至与跑道中心延长线相交。

如果最后进近航道偏置且不与跑道中心延长线相交,在 OCS 到达"OCH 点",向最后进近航道偏置一侧垂直延伸距离 E。

4.13 PBN 程序在进近方面的安全优势

进近与复飞程序在飞行程序设计中占有极其重要的位置,其安全性也是所有飞行阶段中最关键的一环。航空业的发展必然伴随着各种飞行事故,尽管在当今现代化设备的辅助之下,平均每年都会有 50 起重大飞行事故,引起上千人遇难。尤其是进近着陆阶段的 8 分钟飞行时间,更是集中了大部分飞行事故。如何提升进近着陆阶段的安全性,成为民航发展不可回避的关键一环。

传统导航程序的导航源为地面导航台,其航迹误差随着航空器远离导航台而不断增大。相对于传统飞行程序而言,PBN 导航规范与飞机所处位置没有关系,只与导航规范本身有关。因此其导航精度并不随着飞行距离的改变而发生变化。在进近着陆阶段,由 PBN 导航规范中的"RNP APCH"导航规范引导航空器进近运行,其保护区宽度在中间进近阶段为 2.5n mile,在 FAF 处为 1.45n mile,最后进近阶段为 0.95n mile。然而,传统导航的中间进近宽度在 1~5n mile 之间,最后进近航段的最小保护区半宽为 1n mile(VOR 作为导航台为 1n mile,NDB 作为导航台最小半宽为 1.25n mile),并以 7.8°(VOR 作为导航台扩张角度为 7.8°,NDB 作为导航台扩张角度为 10.3°)扩张。其保护区半宽远大于 PBN 导航引导的着陆阶段保护区半宽,且距离导航台越远,保护区半宽越大,对飞行引导的精度越低。因此,PBN 引导的飞行程序能够以最大限度缩小保护区半宽,减少程序设计过程中涉及的障碍物。

提高飞机导航精度,可以有效减少飞行过程中可能出现的航行路径,使实际飞行航路更统一。飞行航径统一后,需要考虑的障碍物将减少,进而避免飞机在可能出现的区域发生危险接地。对于进近过程而言,提高导航精度可以更好地保障航空器的运行安全,保障人民的生命财产安全。

4.14 进近程序实践综合应用

使用 RNP APCH 导航规范进近,机场标高 1500ft,有两条跑道,其跑道号分别为 09、27 号,跑道长度为 3600m,C 类航空在该机场 09 号跑道直线进近,其中 FAF 点位于跑道入口之前5km,中间航段长9km,起始进近航段长15m。

（1）根据以上条件绘制30km以内的进近程序航线,并绘制保护区(在保护区图中标出保护区扩张位置,保护区半宽等信息)。

（2）障碍物分布如表4-10所示,根据障碍物分布位置对障碍物进行评估,计算出合适的各航段的OCH(计算步骤完整、过程清晰)。

表4-10　进近障碍物列表

障碍物类型	X/m	Y/m	Z/m
塔	−1000	800	20
电线杆	40	200	20
树	1300	320	15
塔	2400	517	75
建筑	4000	720	120
建筑	6500	1300	150
塔	7000	800	190
山	25000	1750	610
山	28000	2500	680

第5章 精密进近航段的PBN程序设计

卫星着陆系统(GLS)是一种基于 GBAS 导航性能增强的卫星着陆系统,包括实现精密进近和着陆的 GBAS 系统,以及与之相关的航空器功能。GBAS 是地基 GNSS 增强系统,地面设施包括基准接收机、用于准备广播数据的处理器和 VHF 数据广播系统(VDB)。本章 GLS 准则基于 ILS 准则并与《国际民用航空公约附件 10——航空电信》(以下简称附件10)中规定的Ⅰ类运行目标要求的地面和机载设备性能及完整性相关。

5.1 GLS 概述

GLS 进近运行中,机载其高频数据广播(VDB)传送的最后进近航段(FAS)数据块,定义一个虚拟的航道/下滑道,结合 GBAS 接收机/多模接收机(MMR)的高精度三维定位输出。计算机计算出航空器偏离定义航迹的情况,形成水平和垂直偏差,以及到跑道入口的距离,并在相关仪表上显示。

一套 GLS 设备可同时满足多个进近程序的使用需求,且具有设备场地环境要求低、信号稳定、建设和运行成本低、使用灵活等运行优势。PBN 技术可实施仪表离场、进场、类精密进近,但无法实施精密进近。使用 GLS 技术,可进一步弥补 PBN 在精密进近及低能见度运行方面的不足,具有广阔的应用前景。

1. GLS 进近基本术语

全球卫星导航系统(global navigation satellite system,GNSS):一个全球范围的定位和授时系统包括一个或多个星座、航空器接收机、系统完整性监控和支持设备。所需导航性能运行可在必要时增强。

地基增强系统(ground-based augmentation system,GBAS):该增强系统是用户直接接收从地基发射器发送的增强信息,包括空间导航卫星星座系统、地面增强系统和机载接收机系统三部分。

最后进近航段(final approach segment,FAS)数据块:定义基于卫星导航的精密进近或类精密进近程序所需参数的一组数据。

全球卫星导航系统方位基准点(GNSS azimuth reference point,GARP):定义在程序中线上 FPAP 之前固定偏置 305m(1000ft)的点,用于建立侧向偏离显示的界限。

着陆入口点(landing threshold point,LTP):LTP 是一个点,最后进近航迹以相对高(确定为基准高)飞越其上。它通过 WGS-84 经度、纬度和椭球体的高确定。着陆入口点通常为跑道中线与入口的交点。

假想入口(fictitious threshold point,FTP):FTP 是一个点,最后进近航段的航径以相对高(确定为基准高)飞越该点之上。它采用 WGS-84 经纬度和椭球体高度确定。当最后进近航迹没有对正跑道中线延长线或跑道入口内移时,用 FTP 代替 LTP,对于非对正进近,从跑道入口做最后进近航段的垂线,其交点即为 FTP。FTP 的标高与实际跑道入口的标高相同。

基准飞越点(datum crossing point,DCP):下滑道或下滑航径上的一个点,直接位于 LTP 或 FTP 之上,其高由 RDH 确定。

飞行航迹对正点(flight path alignment point,FPAP):飞行航迹对正点与 FTP 或 LTP 在同一水平面,用于确定最后进近的对正方向。当进近对正跑道中线时,FPAP 位于反方向的道入口或入口之外。通过反方向的跑道入口长度偏置确定其位置。

满刻度偏(full-scale deflection,FSD):用于描述相对于中心位置的最大偏差,包括航道偏差指示器(CDI)或垂直偏差指示器(VDI),例如下滑坡度指示器,并同时用线性和角度刻度显示。

通道号(Channel number):一个与 GLS 精密进近程序对应的唯一 5 位数字码,其编码范围为 20001～39999。

2. GBAS 系统组成及功能

GBAS 系统由卫星子系统、地面子系统和机载子系统三部分组成[19]。

1) 卫星子系统

卫星子系统包括美国 GPS、俄罗斯的 GLONASS、欧洲 Galileo、我国的北斗(BDS)及相关星基增强卫星等。

GBAS 系统由一个或多个其他 GNSS 元素及一个无故障 GNSS 接收机组成,其功能应满足规定的准确性、完好性、连续性和可用性。各要素与无差错的 GNSS 用户接收机的联合需满足表 5-1 中所示的性能要求。

表 5-1 空间信号的性能要求

运行阶段	准确性(95%)		完好性				连续性	可用性
	水平/m	垂直/m	告警限		完好性概率	告警时间		
			水平	垂直				
航路	3700	N/A	3.7km	N/A	10^{-7}/h	5min	$10^{-8}\sim10^{-4}$/h	0.99～0.99999
终端区	740	N/A	1.85km	N/A	10^{-7}/h	15s	$10^{-8}\sim10^{-4}$/h	0.99～0.99999
非精密进近	220	N/A	556m	N/A	10^{-7}/h	10s	$10^{-8}\sim10^{-4}$/h	0.99～0.99999
APV I	16	20	40m	50	2×10^{-7} 每次进近	10s	8×10^{-6}/15s	0.99～0.99999
APV II	16	8	40m	20	2×10^{-7} 每次进近	6s	8×10^{-6}/15s	0.99～0.99999
CAT I	16	4～6	40m	10～15m	2×10^{-7} 每次进近	6s	8×10^{-6}/15s	0.99～0.99999

2）地面子系统

地面子系统包括地面站、VDB 发射机及广播天线、参考接收机等，其中 VDB 发射机和广播天线用作广播电台。地面子系统也可以包含多个 VDB 发射机和广播天线，共享一个共同的 GBAS 地址和频率，用于广播相同数据。地面子系统主要负责监控 GNSS 星座卫星发射的导航信号，并通过 VDB 向其作用方位内所有航空器提供进近数据、伪距修正量及导航信号完好性信息等，以满足航空器运行需求。

3）机载子系统

机载子系统包括接收、处理 GBAS 及 GNSS 信号，计算并输出位置信息、相对于指定航迹的偏离信息，以及相关告警信息的机载设备。

3. GBAS 系统功能

GBAS 地面子系统可提供进近、定位两类服务：进近服务是指在信号服务区域内，提供Ⅰ类及以上等级精密进近、类精密进近和非精密进近服务；定位服务是指在信号服务区域内，提供二维或三维定位、测速和授时服务，以支持 GLS 进近、区域导航及相关运行等。两类服务分别对应包括完好性要求在内的不同性能要求。

一套 GBAS 地面设备可同时为信号覆盖范围内的至少 26 个Ⅰ类精密进近程序提供指引，以不同的通道号关联各进近程序。

4. GBAS 运行优势

相比 ILS，GBAS 有以下运行优势。

（1）一套 GBAS 设备可同时满足多个进近程序运行的要求，且定期校验间隔周期长（FAA 要求 1 年半），设施/设备建设、维护成本低。

（2）场地要求低，无 ILS 临界区保护限制，可为因地理条件限制而无法安装 ILS 设备的机场提供精密进近。

（3）信号稳定，不易受到地面、空中活动影响，为缩小管制间隔（特别是Ⅱ、Ⅲ类运行时）创造条件。

（4）导航性能更优，与 RNAV/RNP 结合可实现直线进近，缩短航程。

（5）跑道入口变更灵活，最后进近下滑角易于调整，可用于降低机场噪声、缩短尾流间隔等。

5.2 基于 GLS 的飞行程序设计准则

GLS 程序准则基于 ILS 准则，从航路至 GLS 最后进近航段及复飞最后阶段的程序遵守一般准则，区别在于对 GBAS 精密航段的物理要求。GLS 精密进近航段包括最后进近航段及复飞的起始和中间阶段。这些要求与 GBAS Ⅰ类系统的性能有关。

GLS 精密进近程序设计基于的标准条件如需调整，也给出了相应的条款。在条件严重偏离标准条件时，必须进行强制调整，但也可以根据准则进行调整或不调整。航空器尺寸假定如表 5-2 所示。

表 5-2　航空器尺寸标准

航空器类型	翼展/m	机轮飞行航径与 GP 天线间的垂直距离/m
H	30	3
A、B	60	6
C、D	65	7
D_t	80	8

（1）必要时，D_t 类航空器的 OCH/A 应予以公布。

（2）表中尺寸已涵盖当前的航空器类型，这些数值的选取是为了便于计算 OCH/A 和发布航空器类型相关的标准。这些尺寸假定除了拥有 ICAO 其他文件中的 OCH/A 计算外，不用作其他目的，使用 OSA 面计算 OCH/A 时，会因较小的尺寸差异而导致不同航空器类型之间较大的结果差异。因此，使用碰撞风险模型计算 OCH/A 通常更为适宜，这种方法允许对障碍物的高度和位置进行更现实的评估。

（3）现在的 E 类航空器不是常规的民航运输机，其尺寸不必与最大着陆重量下的 V_{at} 关联，因此，此类航空器应该在单独的基础上区别对待。

① 复飞爬升梯度为 2.5%。

② GLS 航向道宽度：在入口 210m（以最后进近航道为中心±105m）。

③ 下滑角：最小/最佳 3.0°，最大 3.5°。

④ GLS 基准高 15m（50ft）。

⑤ 所有障碍物的高以入口标高为基准，程序设计者必须声明每个跑道入口的起伏值。

最后进近航段（FAS）数据。最后进近航段由程序设计者准备的数据确定，因此，航径的精度完全依赖跑道原始数据的精度、完整性和设计者的计算，所有航径的描述，包括下滑道、水平引导的扇区宽度、对正和其他所有描述航径的参数都来源于设计者，并且不受地面电台位置的影响。航径参数的设计使用大地测量学和几何学计算，且将参数以 FAS 数据块的格式存储于电子媒介中，然后加入一些数据用于提供循环冗余码检验。整个数据块传送给用户以保证整个流程中数据的完整性，该流程将 GBAS 系统内的航径数据发给用户机载系统。

5.2.1　起始进近航段

GLS 程序的起始进近航段必须保证航空器位于 GBAS 的运行服务范围内，且航迹或航向便于切入最后进近。因此，适用于起始航段的一般准则。对于 RNAV 起始进近航段，RNAV 应用章中的相关准则适用。起始进近航段可以由 RNAV 或 RNP 航路定义，适用 RNAV 或 RNP 系统进行航迹引导。只有该飞行阶段的系统导航精度能力为 1n mile 或更好时才可以考虑。RNAV 或 RNP 航路应该终止于最后进近航道上有 RNAV 或 RNP 定义的 IF。RNAV 或 RNP 转弯设计可以应用于起始航段以内的转弯在方位航道上 IF 处的转弯（见图 5-1 和图 5-2）。如果 RNAV 或 RNP 起始进近航段需要一个反向航段，则只能使用直角程序。该点及入航航段应该位于最后进近航道上，并且入航航段由精密航段确定。

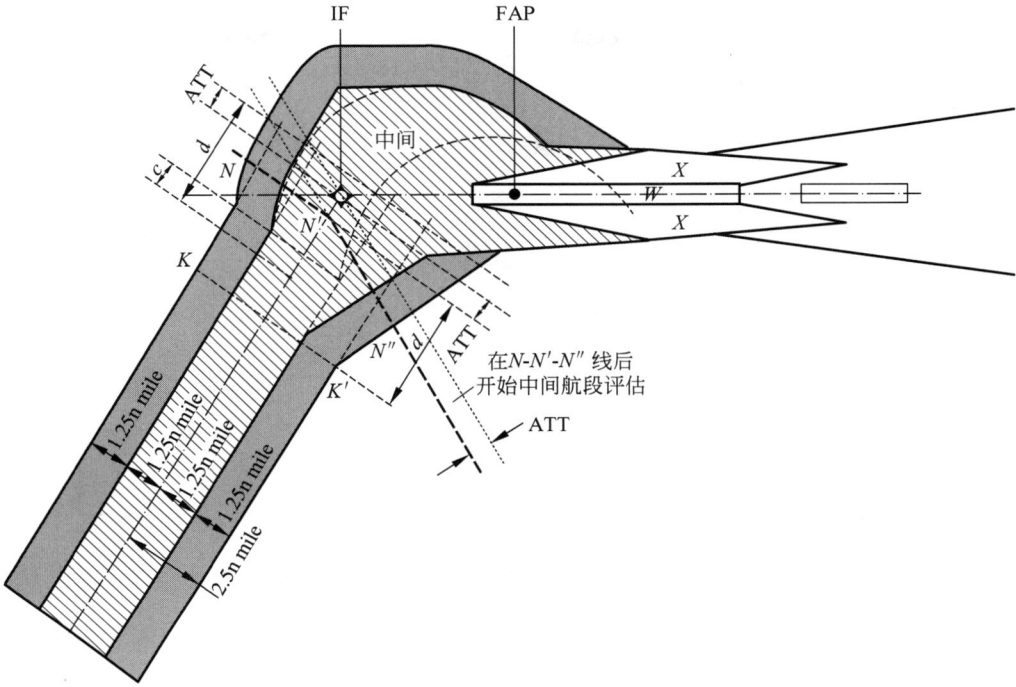

图 5-1　RNAV1 或 RNP1 至 ILS 的过渡,60°切入

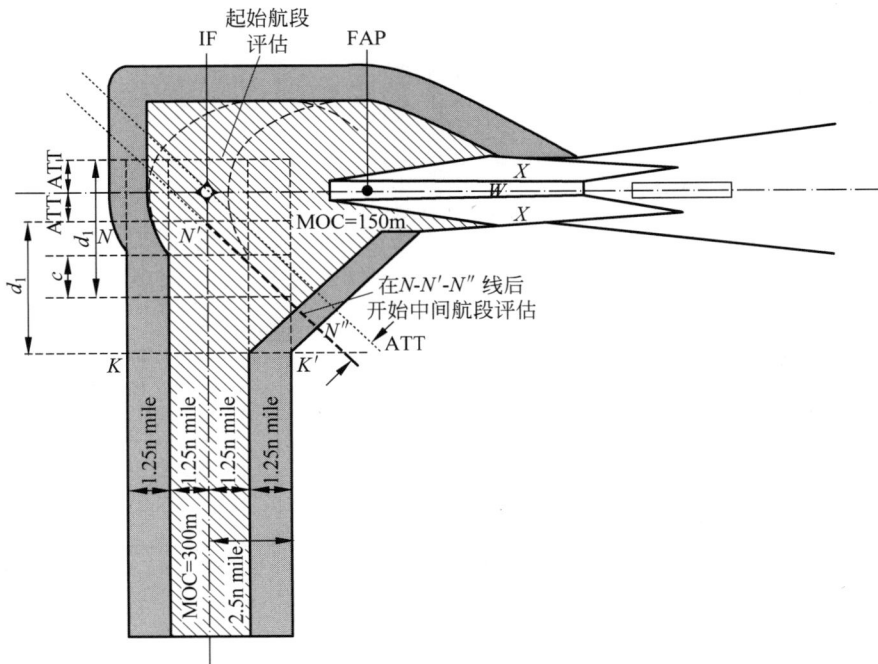

图 5-2　RNAV1 或 RNP1 至 ILS 的过渡,90°切入

1）起始进近航段的对正

起始进近航迹与中间进近航迹的夹角不应超过90°。为便于自动驾驶耦合到最后进近航段，夹角最后不应超过30°。若夹角大于70°，必须在转弯之前至少4km(2n mile)(H类为1.9km(1n mile))提供径向线、方位线、雷达引导、DME或RNAV信息进行确认，以便其转至中间航迹。若夹角大于90°，则应考虑使用反向程序。直角航线程序或推测航迹程序(DR)。

2）起始进近航段保护区

保护区的规定遵循一般规定。唯一例外的是中间进近定位点(IF)必须位于GBAS的服务范围内，通常与着陆口点(LTP)的距离不超过37km(20n mile)。如果提供雷达引导至IF，则保护区必须符合传统导航中保护区规范。

3）起始进近航段的最小超障余度

起始进近航段主区的超障余度为300m，副区超障余度从内边界300m到副区外边界线性减小至0。

起始航段的其他准则，如航段下降梯度、超障高度/高的计算，参考一般准则。

5.2.2 中间进近航段

GLS程序中间航段与一般准则的区别：对正最后进近跑道；长度可以缩短；在某些情况下副区可以取消。

在FAP的主区和副区由ILS确定，因此，除了焊机对正、保护区的长度、宽度及超障余度外，适用于一般准则。对于RNAV中间进近航段，应用有关RNAV章中的准则。

1）中间进近航段的对正

GLS程序中的中间航段应该对正最后进近航段。

2）中间进近航段长度

中间进近航段的最佳长度为9km(5n mile)(H类为3.7km(2n mile))。该航段应该允许航空器切入最后进近航道和下滑道。

考虑到切入最后进近航道的角度，航段长度应该足以使航空器切入下滑道之前稳定在最后进近航道上。最后进近与下滑道切入点之间的距离最小值，如表5-3所示。

表5-3 下滑道切入点和最后进近之间的最短距离

切入最后进近的角度	A/B/H类/km(n mile)	C/D/D$_L$/E类/km(n mile)
0°~15°	2.8(1.5)	2.8(1.5)
16°~30°	3.7(2.0)	3.7(2.0)
31°~60°	3.7(2.0)	4.6(2.5)
61°~90°或在直角航线或反向程序内	3.7(2.0)	5.6(3.0)

3）中间进近航段的保护区宽度

中间进近航段开始的总宽度由起始进近航段的总宽度确定，而后均匀缩小至与OAS的X面在FAP处的水平间距相等（见障碍物评价面OAS的组成）。

出于超障的需要，中间进近航段分为一个主区，两侧各有一个副区。但是起始进近用DR航迹时，中间进近航段的主区延伸至保护区全宽，没有副区。

主区由连接起始进近主区和(在 FPA 的)最后进近面确定。在与起始进近航段接合处，每个副区的宽度等于主区宽度的一半，而与最后进近面接合处，副区宽度缩减至 0。

如果在切入最后进近航道之前规定有直角程序或反向机动，则适用传统程序中的基本原则，电台就是 GARP 本身，FAF 由 FAP 代替。此处不再赘述。

4）中间进近航段的超障余度

中间进近的超障余度与传统程序的准则相同，即主区提供 150m 的超障余度，副区超障余度从内边界的 150m 到外边界线性减小至 0。但如果程序允许直接进近且航空器能在飞越 IF 之前稳定在最后进近航道上，则副区内的障碍物不需要考虑超障。

5.2.3　精密航段

GLS 程序的精密进近航段与最后进近航段对正，包括着陆前的最后下降、复飞的起始和中间阶段。

1）精密航段的起点

精密航段起始于 FAP，即此前航段的最低高度与标称下滑道的交点。FAP 位于入口前，距入口不应超过 18.5km(10.0n mile)，除非能提供超过附件 10 规定的最低标准的适当下滑航径引导。

2）下滑道确认检查

有必要在 FAP 处设置一个定位点，一般对显示的下滑道与航空器高度表信息进行比较。

3）下降定位点

下降定位点必须设置在最后进近开始的位置，该点就变成最后进近点，从而平滑地将此前航段的 MOC 与精密面连接起来。下降定位点同时应设置在入口前，距入口不应超过 18.5km(10.0n mile)处，除非能提供超过附件 10 规定最低标准的适当下滑航径引导。由于精度的原因，无须考虑下降定位点的容差。

传统程序中有关靠近最后进近定位点或梯级下降定位点的障碍物可以不考虑的规定，也适用于精密进近面内 15% 梯度面以下的区域。如果在 FAP 处没有提供下降定位点，则不允许缩减精密进近面。若精密进近面延伸至前面的中间进近航段内，则该延伸不得超出中间进近航段。

4）复飞

开始复飞不得低于标称下滑道与决断高度/高(DA/H)的交点。DA/H 设置在 OCA/H 或之上，具体要求和方法参见本章后面内容。

5）终止

精密航段通常终止于复飞最后阶段的开始处，或入口以后 900m 的复飞爬升 Z 面到达入口之上 300m，以较低者为准。

6）精密航段的衔接

PBN 航路与精密进近航段衔接处的程序设计原则与传统程序设计相同。根据航段与精密进近航段的相对位置，可将衔接划分为两种情况，即进近航段与精密航段的衔接及复飞航段与精密航段的衔接。

5.2.4　进近航段与精密航段的衔接

1. 起始进近为直线进近

GLS 进近程序的起始进近航段与非精密进近的起始进近航段完全相同,而与中间进近航段有较大差别,因此将中间进近航段作为主要内容进行介绍。

起始进近使用直线进近航线的精密进近程序,其中间航段的保护区在中间进近定位点处的宽度应与起始进近的总宽度相同,而后均匀缩小至 FAF 或 FAP 处,此处的宽度与 OAS 面中 X 面在 FAP、FAF 处的水平宽度相等。

FAP 处 X 面的宽度绘制方法如下。

(1) 计算 FAP 处 OAS 面高度与 X 面相交位置 D'' 的坐标。可通过解算 X、Y 面等高线的联立方程而得出。

$$A_x x_F + B_x y_F = z - C_x$$
$$A_y x_F + B_y y_F = z - C_y$$

式中,z 为 FAP 处 OAS 的 X 面高。

(2) 连接并延长跑道两侧的 $D'\text{-}D''$,至 FAP 处,此延长线即为 X 面的外边界线。FAP 处两条外边界线间的距离即为 X 面的宽度。中间航段副区的外边界即 FAP 处的 X 面宽度与中间进近定位点处副区保护区外边界的连线。

当中间进近点处无法建立定位点时,精密航段可延伸至中间进近航段内,至 IF 处止。此时可接收并使用精密航段的航向指引信号。

中间航段及精密航段的衔接如图 5-3 所示,上方为衔接部分的剖面图,下方为衔接部分的俯视图。

GLS 进近程序应尽量在 FAP 处提供一个定位点,这样 FAP 点即成为 FAF。精密航段的 X 面终止于 FAF 定位容差的最早点。该 FAF 的定位最早点也是 15%面(15%面为以 15%的下降梯度下降的倾斜面,该面以下的障碍物在计算 OCH 时可以不予考虑)的起点位置,15%面可以一直延伸到与 W 面垂直高度相同的位置。图 5-3 即为有 FAF 的精密航段衔接方法。

当中间进近点处无法建立定位点时,精密航段可延伸至中间进近航段内,至 IF 处止。此时可接收并使用精密航段的航向指引信号。如图 5-4 所示。

中间进近航段可划分为主区和副区,主区即起始进近航段主区边缘与 FAF 或 FAP 处 X 面边缘连线围成的区域,副区则由起始航段的副区边界与 FAF 或 FAP 处 X 面边缘连线和主区边界之间的区域构成。

当中间进近点处无法建立定位点时,精密航段可延伸至中间进近航段内,至 IF 处止。此时可接收并使用精密航段的航向指引信号。

2. 起始进近在 IF 处转弯

RNAV 或 RNP 航路应该终止于最后进近航道上有 RNAV 或 RNP 定义的 IF 处。RNAV 或 RNP 转弯设计可以应用于起始航段以内的转弯和方位航道上 IF 处的转弯。

起始进近航迹与中间进近航迹的夹角不应大于 90°,为便于自动驾驶耦合到最后进近航道,夹角最好不超过 30°。如大于 70°,则必须在转弯之前至少 4km 处提供径向线、方位线、雷达引导、DME 或 RNAV 信息进行确认。

将精密面延伸
至主区下方

主区
150m（492ft）MOC

中间航段

精密航段

150m（492ft）

FAP

OM或DME距离

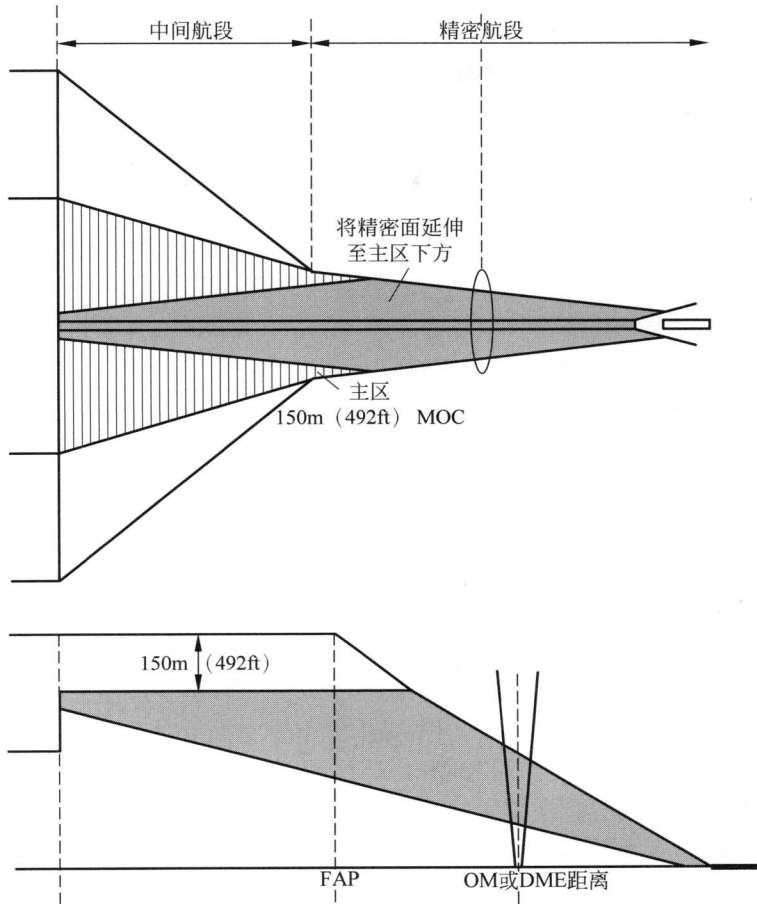

图 5-3 　FAP 精密航段的衔接

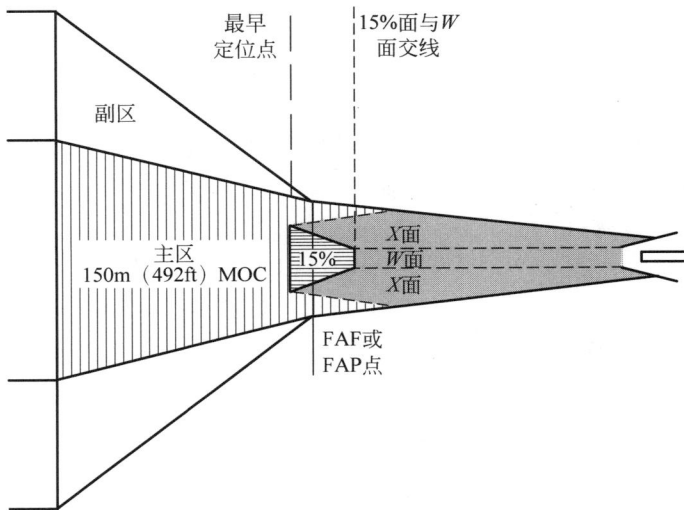

最早
定位点

15%面与W
面交线

副区

主区
150m（492ft）MOC

15%

X面
W面
X面

FAF或
FAP点

图 5-4 　FAF 精密段的衔接

IF处转弯的保护区绘制方式与航路转弯保护区绘制方法一致。但由于精密航段无副区,转弯处的副区终止于与精密段外边界相交的位置。转弯处的主区边界与精密段边界连接,共同构成衔接处主区边界。

5.3 精密航段的障碍物评估

精密航段作为GLS进近中的重要组成部分,其主要内容是对航段内的障碍物进行评估,并计算出OCA/H。GLS准则可以为每种航空器类型计算出OCA/H,凡涉及统计计算时,OCA/H的设计应满足航空器与障碍物碰撞风险为10^{-7}的总体安全目标。OCA/H保证从最后进近航段开始至复飞中间航段介绍的超障余度。

GLS航段中OCA/H的计算方法包括三种。

(1) 第一种方法涉及附件14中精密进近障碍物限制面,即基本ILS面(传统仪表着陆系统的基本ILS面)。如果没有障碍物穿透ILS面,则Ⅰ类运行的OCA/H由航空器类型的余度确定;如果有障碍物穿透ILS面,则OCA/H的计算方法参考"用基本ILS面确定OCA/H"中的方法。

(2) 第二种方法涉及位于基本ILS面之上的障碍物评价面"OAS面"。如果没有障碍物穿透OAS面,只要OAS面知悉的障碍物密度在运行上是可以接受的,Ⅰ类运行的OCA/H就仍由航空器类型的余度确定;若有障碍物穿透OAS面,则在最高进近障碍物的高或最大复飞穿透障碍物的当量高(两者取较大值)之上加上航空类型对应的余度,得到OCA/H。

(3) 第三种方法是利用碰撞风险模型(CRM),作为OAS准则的替代方法,或在OAS面之下的障碍物密度过大时使用。CRM接受将所有物体作为输入并进行评估,对于特定的OCA/H数值,评价单个障碍物引起的风险和所有障碍物的积累风险。这种方法有助于选择OCA/H值时进近运行判断[20]。

5.3.1 精密进近航段的超障余度——基本ILS面用于GLS运行

精密航段要求的保护区有基本ILS面界定,在标准条件下,对这些物体没有限制,延伸至这些面之上的物体或其他部分必须满足轻型易折,或在计算OCA/H时予以考虑。

1. 基本ILS面的组成及范围

基本ILS面由升降带、进近面、复飞面和过渡面组成,如图5-5所示。

1) 升降带

升降带自跑道入口前60m起入口后900m止,宽300m(±150m),是一个假定为跑道入口标高的水平面。

2) 进近面

进近面从入口之前60m开始,起始宽度300m(±150m),两侧扩张率为15%。第一部分以2%的梯度向上延伸至60m高处,第二部分接着以2.5%的梯度继续延伸至FAP处。

3) 复飞面

复飞时一个满足下面要求的斜面:以入口之后900m(H类入口之后700m)为起点,起始宽为300m(±150m),入口标高开始以2.5%的梯度紧沿两侧的过渡面向上延伸到内水平面的高度(45m),其扩展率为17.48%,然后改用25%的扩展率及2.5%的爬升率向两侧

扩张并爬升,直到精密进近航段的终点。

4) 过渡面

过渡面沿起降带、进近面和复飞面的侧边,沿 y 轴方向以 14.3% 的梯度向上延伸到跑道入口以上 300m 处。

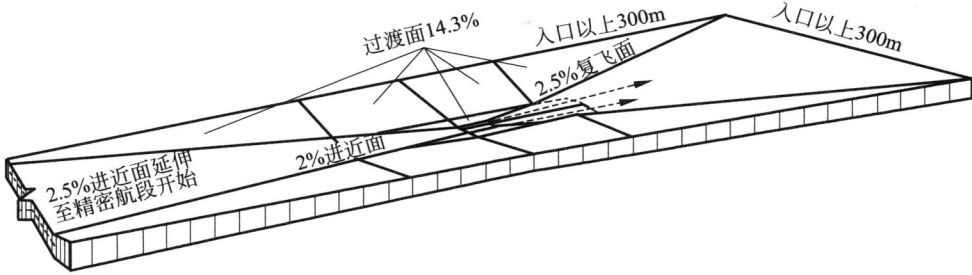

图 5-5　基本 ILS 面

2. 基本 ILS 面的高度方程式

依据组成基本 ILS 面的各项标准,可以推算出各面高度的方程式,并根据方程式计算出各相邻面的交点。如图 5-6 所示。其坐标及高通过计算得到,其结果如表 5-4 所示。

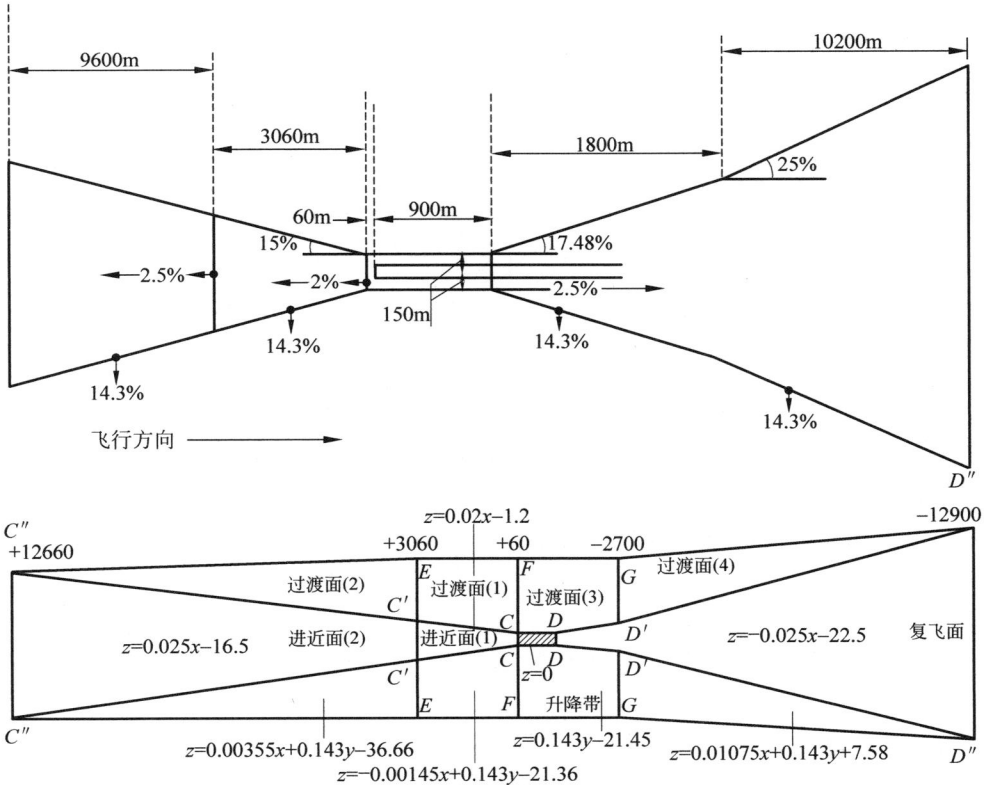

图 5-6　基本 ILS 面的组成及方程

各面的高度方程为：

进近面(1)：$z = (x - 60) \times 2\% = 0.02x - 1.2$

进近面(2)：$z = 60 + (x - 3060) \times 2.5\% = 0.025x - 16.5$

起降带：$z = 0$

复飞面：$z = -(x + 900) \times 2.5\% = -0.025x - 22.5$

过渡面(1)：$z = -0.00145x + 0.143y - 21.36$

过渡面(2)：$z = 0.00355x + 0.143y - 36.66$

过渡面(3)：$z = 0.143y - 21.495$

过渡面(4)：$z = 0.01075x + 0.143y + 7.58$

表 5-4　基本 ILS 面的交点坐标

交　　点		C	C'	C''	D	D'	D''	E	F	G
坐标(m)	x	60	3060	12660	−900	−2700	−12900	3060	60	−2700
	y	±150	±600	±2040	±150	±465	±3015	±2280	±2250	±2250
	z	0	60	300	0	45	300	300	300	300

3. ILS 面评估障碍物的方法

基本 ILS 面可依据以下步骤评估障碍物。

（1）判断障碍物所属的 ILS 面。可根据 ILS 交点坐标绘制出 ILS 面的模板，再在此模板中标出障碍物坐标，辨别障碍物所处的 ILS 面。

（2）将障碍物的横纵坐标 (x, y) 代入对应的 ILS 面高度方程中，计算出该位置 ILS 面的高。

（3）比较障碍物高 (h) 与 ILS 面的高。如果障碍物在 ILS 面以下，则说明该障碍物没有穿透 ILS 面，可以不考虑。如果障碍物高于 ILS 面，则说明该障碍物穿透 ILS 面，需进一步展开讨论。

5.3.2　精密进近航段的超障余度——OAS 面

GLS Ⅰ类运行使用 ILS 的 Ⅰ 类 OAS 面。OAS 面是基本 ILS 之上的一组障碍物评价面。OAS 面的尺寸与 GLS 程序的几何布局（GARP-LTP 距离、下滑角）和运行种类及飞机的大小等因素有关，比使用 ILS 评估障碍物精确得多。因此，对于穿透 ILS 的障碍物还必须使用 OAS 面进行进一步的评估。

但必须注意的是，基本 ILS 面作为限制障碍物增长、确保机场净空的规划面，在跑道附近的某些位置比 OAS 面更接近跑道，因而 OAS 面不能替代基本 ILS 面。

1. OAS 面的组成及相关运行

OAS 面由对称于精密进近航段航迹 1 个包含入口的水平面及 6 个分别用大写字母 W、X、Y 和 Z 表示的斜面组成，如图 5-7 所示。

这 6 个斜面可以用 4 个简单的线性方程定义：

$$z = Ax + By + C$$

式中，x 和 y 为位置坐标；z 为障碍物评价面在该位置的高；A、B 为各斜面沿 x、y 方向的斜率；C 为斜面的截距。依据 GARP 至跑道入口距离和下滑角度，可以从 PANS-OPS OAS

软件中为每个面获得一组 A、B 和 C 常数。

Ⅰ类 OAS 面不得超出精密航段的长度,且除 W 和 X 面外,最高不超过 300m。如果附件 14 中与基本代码为 3 和 4 的精密进近跑道对应的进近和过渡障碍物限制面穿透 OAS,则附件 14 面就成为 OAS(有基本代码为 3 和 4 的面,对基本代码为 1 和 2 的跑道进行障碍物评估)。

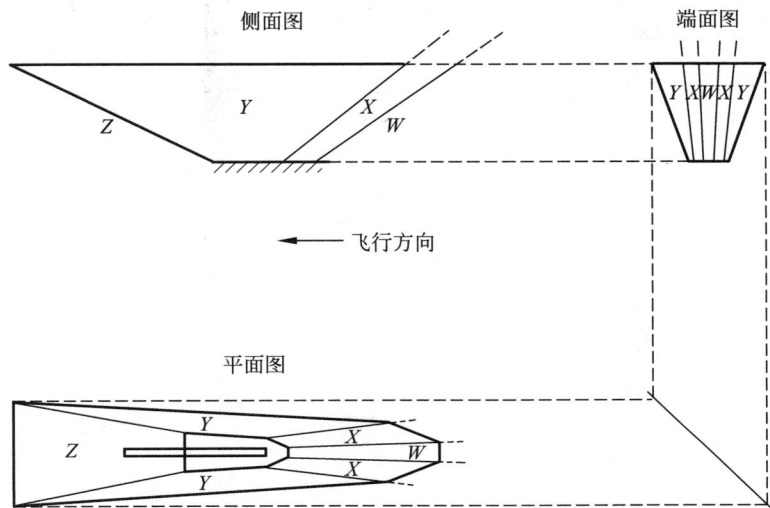

图 5-7　OAS 面的组成

2. OAS 常数规范

对于Ⅰ类运行,各斜面的常数 A、B 和 C 由 PANS-OPS OAS 软件计算得出。PANS-OPS OAS 软件给出了 2.5°和 3.5°之间步长为 0.1°的下滑角和 GARP-LTP 距离介于 2000～4500m 之间对应的系数。对超出这些接线的情况,不得进行外推。如果输入的 GARP-LTP 距离超出此范围,则 PANS-OPS OAS 软件相应给出 2000m 或 4500m 对应的系数,作为必须使用的结果。

3. OAS 高的计算

为计算位于 x'、y' 的任何 OAS 斜面的高 z,首先应该从 PANS-OPS OAS 软件中获得相应的常数,然后将这些数值代入方程 $z = Ax' + By' + C$。如果不清楚障碍物位于哪个 OAS 面,则将该坐标代入其他斜面进行重复计算,其中 OAS 高是最高的面高(如果所有面高都是负值,则 OAS 高为零)。

注:PANS-OPS OAS 软件中还有一个 OCH 计算器,可以显示任意 x、y 位置的 OAS 面的 z 值,包括规定的对所有 ILS 几何数据、航空器尺寸、复飞爬升梯度和 GLS RDH 的调整。

4. OAS 模板结构

模板或按制图比例绘制的 OAS 面平面图(标准尺寸航空器的典型 OAS 面如图 5-8 所示),有时用于帮助识别障碍物以便进行详细检查。PANS-OPS 软件中的 OAS 数据包含 CAT Ⅰ各斜面与入口平面及入口平面之上 300m 的交点坐标,与入口平面交点坐标标记为 C、D 和 E。

A. I 类GP角3°/LOC-THR 3000m/复飞梯度2.5%。

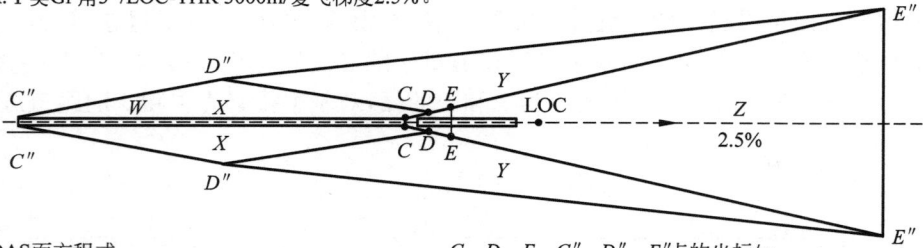

OAS面方程式：

$W|z=0.0285x-8.01$

$X|z=0.027681x+0.1825y-16.72$

$Y|z=0.023948x+0.210054y-21.51$

$Z|z=-0.025x-22.50$

C、D、E、C''、D''、E''点的坐标/m

	C	D	E	C''	D''	E''
x	281	−286	−900	10807	5438	−12900
y	49	135	205	96	910	3 001
z	0	0	0	300	300	300

图 5-8　标准尺寸航空器的典型 OAS 等高线

5. 非标准条件下的 OAS 常数调整

当标准条件不能满足时，须对 OAS 常数进行强制调整，如有规定，则调整也可有选择地进行。PANS-OPS OAS 软件可因下列因素对常数进行调整：具体航空器的尺寸，GLS 的高，GLS 在入口的航向道宽度大于 210m，复飞爬升梯度。

1）具体航空器的尺寸

如果航空器尺寸超过标准条件规定，则须进行强制性调整；如果航空器尺寸小于规定，则进行选择性调整。PANS-OPS OAS 软件能对标准尺寸的 A、B、C、D 和 D_L 类航空器自动调整 OAS 系数及模板坐标。对于任意类型的特定航空器尺寸也这样做。以下修正公式用于调整 W^*、W、X 和 Y 面系数 C。

$$W^* 面：C^*_{wcorr}=C^*_w-(t-6)$$
$$W 面：C_{wcorr}=C_w-(t-6)$$
$$X 面：C_{xcorr}=C_x-B_xP$$
$$Y 面：C_{ycorr}=C_y-B_yP$$

式中，$P=[t/B_x$ 或 $s+(t-3)/B_x$，二者取最大值$]-[6/B_x$ 或 $30+3/B_x$，二者取最大值$]$；s 为半翼展；t 为航径上机载 GP 天线与机轮最低部位之间的垂直距离。

2）飞越基准点的高

该常数以 15m 的基准高（RDH）为基础，OAS 常数在 RDH 小于 15m 时，需强制性调整。在 RDH 大于 15m 时，可进行选择性调整。PANS-OPS OAS 软件通过下式修正 W^*、W、X 和 Y 面系数 C，以调整 OAS 系数和模板坐标

$$C_{修正}=C+(RDH-15)$$

式中，$C_{修正}$ 为相关 OAS 面系数 C 的修正值；C 为表列数值。

3）GLS 航向信号在入口处宽度大于 210m

如果 GLS 航向信号在入口的宽度大于标称数值 210m，则应该使用碰撞风险模型（CRM）方法。如在扇区宽度小于 210m，则不必进行调整，PANS-OPS OAS 软件也不允许此类调整。

4) 复飞爬升

若航空器复飞上升能达到的梯度大于标称的 2.5%,则 Y 面和 Z 面可以进行调整。这是通过在 PANS-OPS OAS 软件中选择期望的复飞梯度完成,软件程序会因此调整 Y 和 Z 面的系数。

6. 利用 OAS 面评估障碍物的方法

评估障碍物是否穿透 OAS 面的方法步骤如下。

(1) 根据程序设计的条件和进近类别,建立相应的 OAS 方程。建立方程时,如果是非标准条件,则对常数 C 进行调整。

(2) 借助 OAS 模板估算障碍物所在位置。

(3) 将障碍物的坐标代入 OAS 方程,计算出该位置的 OAS 面高。

(4) 比较障碍物和 OAS 面高,若障碍物高于 OAS 面,则该障碍物穿透 OAS 面;反之,未穿透 OAS 面。

5.3.3 碰撞风险模型评估障碍物

ILS CRM 是一个计算机程序,用于确定航空器运行至特定 OCA/H 时的风险数值,并与安全目标值进行比较。ILS CRM 可以用于 GLS 的Ⅰ类运行,因为 GLS CRM 的实施规范还在制定中。ILS CRM 的程序说明与使用指南及要求的输入/输出数据的精确格式,见《ILS 运行的碰撞风险模型(CRM)使用手册》。

1. CRM 数据输入

CRM 要求输入以下数据。

(1) 机场资料:名称、跑道入口位置和跑道方向,MSL 之上的入口标高,以及此前航段的详情。

(2) GLS 参数:类型(只有Ⅰ类)、下滑角、GARP-LTP 距离、GLS 航向道宽度和 DCP 的高。

(3) 复飞参数:决断高/高度(超障高)和复飞转弯点。

(4) 航空器参数:类型、轮高(天线至轮底)和半翼展,航空器类型(A、B、C、D 或 D_L)和复飞爬升梯度。

注:CRM 不考虑 E 类航空器。

(5) 障碍物数据:障碍物边界(用相对于跑道入口的 x 和 y 坐标或用地图网格坐标表示)和障碍物高(用入口以上的高或用 MSL 之上的标高)。为进行障碍物密度评价,还必须包括穿透规定的基本 ILS 面的所有障碍物。

2. 输出和适用范围

程序输出的是航空器运行至规定的 OCA/H 和复飞过程中与障碍物碰撞的总风险。根据不同的输出选项,程序还可以产生其他信息。例如,可以输出单个障碍物造成的风险,根据要求,这些风险的形式可以是障碍物的范围或更实用的风险数值,这样用户可以立刻看出哪个障碍物对总风险的影响最大。

用户通过输入适当参数重新运行 CRM 以评估任何参数变化对运行安全的影响,典型的操作是改变下滑角或提高/降低 OCA/H。计算出的风险要与满足总体安全目标规定的可接受风险水平(不能高于 1×10^{-7}/一次进近)进行比较。

5.4 GLS 精密进近航段超障高度/高的计算

GLS 精密进近的最低超障高度或高是制定 GLS 精密进近最低着陆标准的基本依据之一。GLS 精密进近的 OCA/H 必须确保航空器在精密航段及其后的复飞中安全飞行。

5.4.1 高度表余度损失

高度表余度损失使用的准则与 VPA Baro-VNAV 相同。其取值与航空器类型有关,如表 6-2 所示。在非标准情况下,需要对高度表余度损失进行修正,其修正方法参考本书 6.3.4 节。

各程序中如果下滑道大于 3.5°或任意角度的标称下滑率(该航空器类型的 V_{at} 乘以下滑角的正弦)超过 5m/s(1000ft/min)时,这些程序为非标准程序,它们需要:

(1)增加高度损失余度(根据航空器类型而定);

(2)调整复飞面起点;

(3)调整 W 面的斜率;

(4)重新测量障碍物;

(5)采用相关运行限制。

5.4.2 利用 ILS 面确定精密进近航段的 OCA/H

如果没有障碍物穿透基本 ILS 面,Ⅰ类的 OCA/H 用表 6-2 规定的余度确定。如果障碍物位于附件 14 基本代码为 3、4 的跑道定义的过渡面之下,则该障碍物可以不予考虑,无论实际跑道的基本代码如何(即用基本代码为 3、4 的跑道使用的面,对基本代码为 1、2 的跑道进行障碍物评估)。

只有在 GLS 的航向信号宽度满足 210m 的标准条件时,表 5-5 所示障碍物若穿透 ILS 面可以不予考虑。若表 5-5 中所列之外物体穿透上述基本 ILS 面,则直接在障碍物上方加上高度损失余度,得到 OCA/H。

表 5-5 计算 OCA/H 时可忽略不计的物体

	着陆口以上最大高度	至跑道中线的最小横向距离
着陆系统天线	17m(55ft)	120m
滑行中的航空器	22m(72ft)	150m
在等待坪或入口至-250 之间滑行等待的航空器(只限Ⅰ类)	15m(50ft)	75m

如果障碍物穿透基本 ILS 面的任何部分并成为控制障碍物,但是出于航行的需要有必要保留,只有由有关当局设立,其穿透基本 ILS 面的部分轻型易折,并对航空器运行安全没有不利影响,才可以在计算 OCA/H 时不予考虑。

【例】 已知障碍物 O1(2500,530),高 $h_1=30$m;障碍物 O2(-3200,1300),高 $h_2=171$m。问:障碍物是否穿透基本 ILS 面?

（1）评价 O1 障碍物

根据 O1 坐标判断 O1 位置在进近面（1）。

将 O1 坐标代入进近面（1）中，计算出进近面（1）的高：

$$z = 0.02x - 1.2\text{m} = 0.02 \times 2500\text{m} - 1.2\text{m} = 58.8\text{m}$$

障碍物高 30m，小于 ILS 面高，没有穿透基本 ILS 面。

（2）评价 O2 障碍物

根据 O2 坐标判断 O2 障碍物的位置在过渡面（4）

将 O2 坐标代入过渡面（4）中，计算出过渡面（4）的高：

$$z = 0.01075x + 0.143y + 7.58\text{m} = 159.08\text{m}$$

障碍物高 171m，高于基本 ILS 面，O2 穿透了基本 ILS 面。

5.4.3 利用 OAS 计算 OCA/H

确定 OCA/H 要考虑穿透基本 ILS 面的所有障碍物和穿透适用于 GBAS I 类 OAS 面的所有障碍物。上一节列出了可以忽略的、穿透基本 ILS 面的障碍物，如满足当局标准，也适用于 OAS 面的情况：ILS I 类的 OAS 适用于 GBAS I 类运行。

利用 OAS 面计算 OCA/H 的步骤如下。

（1）辨别穿透 OAS 的障碍物类型，区分进近障碍物和复飞障碍物。

（2）确定最高进近障碍物的高。

（3）将复飞障碍物的高换算为当量进近障碍物的高，确定最高的当量进近障碍物。

（4）根据（2）和（3）确定控制障碍物。

（5）将相应航空器类型确定的高度表损失余度与最高障碍物的高相加，得到 OCA/H。

1）辨别障碍物类型

用 OAS 面计算 OCA/H 应确定需要考虑的障碍物类型，障碍物分为进近障碍物和复飞障碍物。标准分类方法如下：FAP 至入口以后 900m（如果必要，H 类可以为 700m）之间的障碍物为进近障碍物，精密航段其余部分的障碍物为复飞障碍物，如图 5-9 所示。但是，在有些情况下，这种分类方法可能因一些复飞障碍物而导致过大的运行代价。因此，如果有关当局要求，可以规定一个以 −900m（如有必要，H 类可以为 700m）为起点与下滑面 GP 平行的斜面 GP'，高出这个斜面，都属于复飞障碍物，如图 5-10 所示；低于 GP' 面的障碍物都属于进近障碍物。

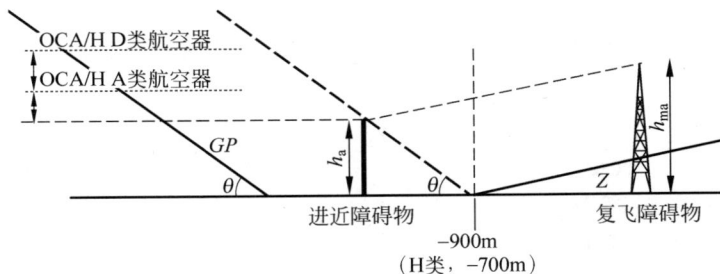

图 5-9　−900m 之后的复飞障碍物

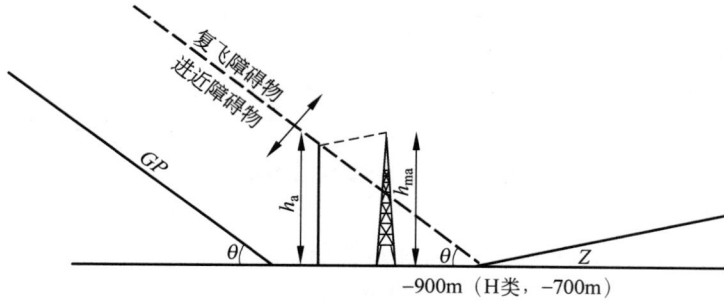

图 5-10   −900m 之前的复飞障碍物

GP' 的高度方程为

$$Z_{GP'} = (x + 900)\tan\theta$$

式中，x 为障碍物横坐标，θ 为下滑角。

【例】 穿透基本 ILS 面和 OAS 面的障碍物 O1（−267，230），高 $h_1 = 52\text{m}$；障碍物 O2（−685，320），高 $h_2 = 25\text{m}$。判断两个障碍物的类型。

解：

O1 障碍物：

将 O1 横坐标代入 GP' 的高度方程，得到 GP' 的高为

$$Z_{GP'} = (-267\text{m} + 900\text{m})\tan 3° = 61.1\text{m}$$

GP' 面高于 O1 障碍物，因此 O1 为进近障碍物。

O2 障碍物：

将 O2 横坐标代入 GP' 的高度方程，得到 GP' 的高为

$$Z_{GP'} = (-685\text{m} + 900\text{m})\tan 3° = 11.3\text{m}$$

GP' 面低于 O2 障碍物，因此 O2 为复飞障碍物。

2）复飞障碍物当量高的计算

区分出复飞障碍物后，应将复飞障碍物的高换算为当量进近障碍物的高，根据计算公式：

$$h_a = \frac{h_{ma}\cot Z + (-x_Z + x)}{\cot Z + \cot\theta}$$

式中，h_a 为当量进近障碍物的高；Z 为复飞面上升角；θ 为下滑角；h_{ma} 为复飞障碍物的高；x 为障碍物到着陆口的距离（LTP 以后为负）；x_Z 为入口至 Z 面起点的距离（−900m，H 类，−700m）。

【例】 计算障碍物 O12（−685，320），高 $h_2 = 25\text{m}$ 的当量进近障碍物高。

解：

$$h_a = \frac{h_{ma}\cot Z + (-x_Z + x)}{\cot Z + \cot\theta} = \frac{25 \times 40 + (900 - 685)}{40 + 19.08}\text{m} = 24.8\text{m}$$

复飞障碍物 O12 的高为 24.8m。

3）根据不同机型计算 OCA/H

根据表 6-2 查找出各机型对应的高度表损失余度，并根据机场海拔及下滑角进行修正，得到较为精准的高度表损失余度。将计算出的高度表损失余度与控制障碍物高相加，即可得到 OCA/H。得到的精密段 OCA/H 向上 5m 取整。

【例】 机场标高为 1400m,穿透基本 ILS 面和 OAS 面的控制障碍物 O1(-560,430),高 h_1=31m。计算 OCH。

解:

将障碍物坐标代入 GP' 面的高度方程,得到 GP' 的高为

$$Z_{GP'} = (x+900)\tan\theta = 17.81\text{m}$$

机场标高为 1400m,障碍物高 31m,高于 GP' 面为复飞障碍物。利用控制障碍物的高计算出其对应的当量高:

$$h_a = \frac{h_{ma}\cot Z + (-x_Z + x)}{\cot Z + \cot\theta} = \frac{31 \times 40 + (900-560)}{40+19.08}\text{m} = 26.8\text{m}$$

各类航空器的 HL 可查表得到。

A 类: $HL_{气压}$=40m; B 类: $HL_{气压}$=43m; C 类: $HL_{气压}$=46m; D 类: $HL_{气压}$=49m

机场标高为 1400>900,需对高度表损失余度进行修正。

A 类: $HL_{无线电}$=13m; B 类: $HL_{无线电}$=18m; C 类: $HL_{无线电}$=22m; D 类: $HL_{无线电}$=35m

经修正得到高度表损失余度为

A 类: HL=40+13×2‰×1400/300m=41.22m,取整为 42m;

B 类: HL=43+13×2‰×1400/300m=44.22m,取整为 45m;

C 类: HL=46+13×2‰×1400/300m=47.22m,取整为 48m;

D 类: HL=49+13×2‰×1400/300m=50.22m,取整为 51m。

可计算得到各类航空器的 OCH 为

A 类: OCH=42+26.8=68.8m(取整为 70m);

B 类: OCH=45+26.8=71.8m(取整为 75m);

C 类: OCH=48+26.8=74.8m(取整为 75m);

D 类: OCH=51+26.8=77.8m(取整为 80m)。

5.4.4 利用用于 GLS 的碰撞风险模型计算超障余度

ILS CRM 是一个计算程序,用于确定航空器运行至特定 OCA 的风险数值,并与安全目标值进行比较。ILS CRM 可用于 GLS I 类运行,因为 GLS CRM 的规范仍处在制定阶段,ILS CRM 的程序说明与使用指南描述及要求的输入数据/输出结果的精确格式,见《ILS 运行的碰撞风险模型(CRM)使用手册》。

用户通过输入适当的参数重新运行 CRM 可以评估任何参数变化对运行安全的影响,典型的是改变下滑角或提高/降低 OCA/H。计算出的风险可与满足总体安全目标规定的可接受风险水平(高于 1×10^{-7}/每次进近)进行比较。

OCA/H 的确定是一个过程,就是不断地改变 OCA/H 值而重新运行 CRM,直至计算得到的风险满足目标安全水平。

5.5 精密航段后的复飞

精密航段结束于最后复飞开始的位置,最后复飞的准则基于一般准则的相应部分做了某些修改,因允许 GLS 精密航段使用的保护区和面不同,并且该航段 OCA/H 可能因航空

器类型而有所改变。

在超障余度计算中用于计算距离和梯度的基准为"起始爬升点"(SOC),其位置由GP'面到达OCA/H−HL时的高和距离确定。保护区根据为复飞规定的导航系统而划设(其中,OCA/H和HL均对应同一航空器类型)。

如果确认位于最后复飞航段内的障碍物会导致精密航段计算的任何OCA/H值增加,为降低OCA/H,可以另外为复飞面(Z)规定一个较高的梯度,以达到降低OCA/H的目的。

复飞可以使用RNAV或RNP系统进行航迹引导。只有该飞行阶段的系统导航精度能力为1n mile或更好时,才可以考虑。可用于复飞的导航规范参见第3章。

5.5.1 确定SOC的位置

为检查最后复飞的超障余度,GLS复飞开始于沿标称下滑道GP下滑至决断高的位置。然而考虑到飞机需建立从下滑到爬升的飞行状态及高度表损失余度,一般认为SOC位于沿GP'下滑到"OCH_{PS}-HL"高度处。即SOC位于:

$$Z_{GP'} = (x_{SOC} + 900)\tan\theta = OCH_{PS} - HL$$

式中,x_{SOC}为SOC处的位置坐标;OCH_{PS}、HL均对应相应的航空器类型;θ为下滑角。

5.5.2 直线复飞

1. 直线复飞的保护区范围

精密航段终止于Z面,达到入口LTP之上300m高的距离。在该距离上Z面的宽度决定了最后复飞保护区起始的宽度,如图5-11所示。没有副区。

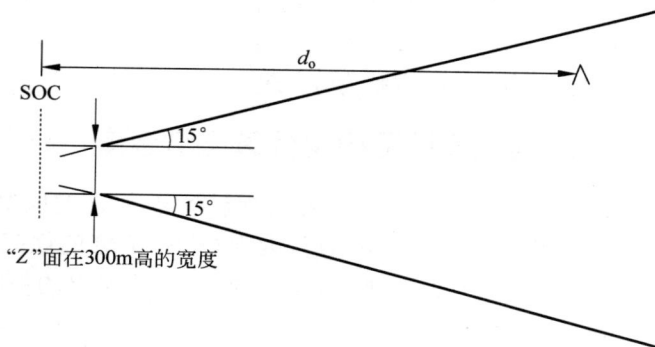

图5-11 直线复飞的最后阶段

2. 直线复飞的超障余度

直线复飞保护区内地障碍物标高/高应小于:

$$h_o = (OCA/H_{PS}\text{-}HL) + d_o\tan Z$$

式中,精密航段的OCA/H(OCA/H_{PS})和HL均对应相同的航空器类型;d_o从SOC处开始沿平行于标称航迹量取;Z为复飞面与水平面的夹角。

飞机飞越障碍物的最低超障余度取决于HL、θ和Z,即$MOC = HL\dfrac{\tan\theta + \tan Z}{\tan Z}$,这与非精密进近规定的直线复飞的最后复飞超障余度50m有所不同。其剖面如图5-12所示。

如果不能满足这条准则,则应该规定一个转弯以避开危险障碍物,如果不可以转弯,则必须提高 OCA/H。

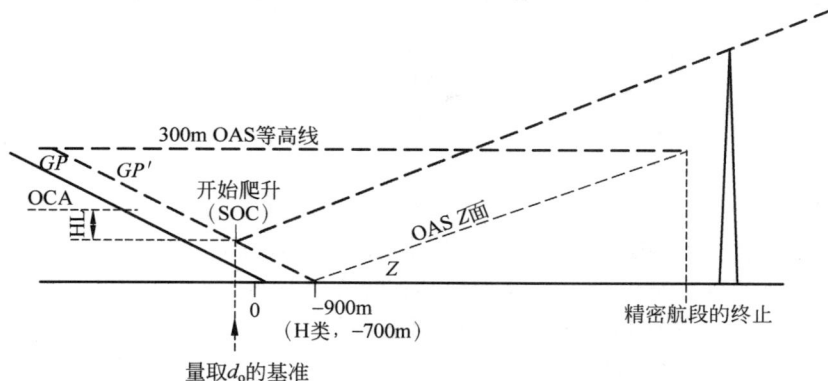

图 5-12 直线复飞超障

5.5.3 精密航段与 RNAN/RNP 航段衔接

(1)精密航段之前的衔接:从传统导航多度到 RNAV/RNP 复飞可根据一个位于延伸最后进近航道的 RNAV/RNP 航路点确定,或根据一个直飞某航路点的转弯高度确定。如果 RNAV/RNP 航迹与最后进近航道共线,正切 SOC 处的区域沿航迹按 15°扩张至延伸最后进近航道上 RNAV/RNP 的区域宽度。

(2)精密航段之后的衔接:在 Z 面水平边界与外侧边界之间的区域内,障碍物评价应该基于 Y 面和 300m 等高线水平边界以外区域,是基于 Y 面的数学外推。Z 面应按照相同的角度继续扩张至 RNAV/RNP 的区域宽度。副区应从 Z 面到达 RNAV/RNP 主区宽度的位置点开始。至此点延伸 Y 面和 Z 面应该使用与精密航段相同的超障余度,并应继续将其应用至位于 RNAV/RNP 主区内的 Z 面所有部分。副区原则应该用于 RNAV/RNP 主区与总区域边界之间。无论障碍物是穿透 Y 面还是 Z 面区域,其高度/高应低于(OCA/H_{PS}−HL)+$d_o$tanZ+M。

5.5.4 转弯复飞

转弯复飞可以避开直线复飞无法规避的障碍物,在保证飞机安全运行的前提下,降低运行要求。或者为了重新进近、等待或飞往备降机场,这两种情况都需要规定一个转弯。转弯复飞包含两种方式:指定点(TP)转弯和指定高度/高转弯(或"尽快转弯")。

使用的准则由该转弯相对精密航段标称终点的位置决定,如下所述。

(1)精密航段标称终点后转弯。如果转弯规定在精密航段标称终点距离之后,适用传统程序中精密进近中的准则。但有如下例外:①超障余度的规定,用(OCA/H−HL)代替OCA/H;②因为 SOC 与 OCA/H 有关,不可能用非精密进近中单独调整 OCA/H 或MAPt 的办法获得超障余度。

(2)精密航段终点前转弯。如果规定转弯开始于一个低于入口以上 300m 的指定高度/高,或一个指定 TP 而造成最早 TP 在精密航段标称终止距离以内,则必须使用下面章节规定的准则。

（3）对于使用 RNAV/RNP 复飞,旁切和飞越转弯应该限制在 90°。RF 不允许用于 RNP 复飞的第一航段,因为没有 RNP 正切加入航迹可以定义,在这种情况下,RF 航段之前要求的第一个航路点位于 LOC 航段延长线上,为 TF 航段。

（4）第一个 RNAV 或 RNP 定位点的最早位置在 SOC 之后一个 ATT 距离,如果该定位点为旁切转弯,则应该在其之前增加一个转弯余度$(d_1+3V/3600)$的距离,d_1 为转弯半径,V 为真空速。

（5）对于 RNAV/RNP 复飞,RNAV/RNP 转弯设计和转弯 MOC（转弯大于 15°为 50m,其他为 30m）应该在最早转弯点之后使用。副区应该用于 RNAV/RNP 主区标准宽度和总宽度之间,如果障碍物位于 Y 面之下或其在转弯外侧的延伸,则不用考虑。

注：对指定 TP 位置或指定转弯高度的调整,可能涉及重新绘制相关保护区和重新计算余度,这样能排除一些障碍物或引入一些新的障碍物,因此,为取得最小 OCA/H 值,有必要采用试凑法调整指定 TP 或指定的转弯高度。

1）精密航段终点前转弯

精密进近的复飞准则经本章节补充和修订后适用于 GBAS 的复飞航段。

（1）指定高度/高转弯。

① 转弯高度/高。

a. 选择最晚转弯点（复飞航迹上该最晚 TP 与需避开障碍物之间的距离大于

$$E+\sqrt{r^2+E^2}$$

式中,r 为转弯半径,E 为转弯 90°受风影响的距离）。

b. 确定最晚 TP。最晚 TP 在 TP 之后一个操作容差 C 处,C 为飞行员顺风飞行 6s 的距离。

c. 计算 OCA/H$_{PS}$,TP 在精密航段之前,精密航段结束于 TP,可计算出 OCA/H$_{PS}$ 及 OCA/H$_{PS}$－HL。

d. 根据 OCA/H$_{PS}$－HL 可确定 SOC 位置,并计算转弯高度/高：

$$TA/H=OCA/H_{PS}-HL+d_Z\tan Z$$

式中,d_Z 为 SOC 到 TP 的水平距离;OCA/H$_{PS}$ 为精密进近航段的 OCA/H。如果 TP 位于 SOC,则在进近图中必须注明"尽快转弯至（航向或航向台）",以及用于识别转弯需要避开障碍物的位置和高的充分信息。

② 保护区。

a. 转弯起始区。

转弯起始区由Ⅰ类的 Y 面 300m 等高线界定,终止于到达转弯高度（TP）处,再加上飞行容差 C（顺风飞行 6s 的距离）的位置。其宽度与精密航段宽度一致。起始区均为精密航段,无主副区的划分。

b. 转弯区。

转弯区的边界以转弯起始区终止处的位置为起点,以转弯高度、复飞转弯的最大速度、15°转弯坡度为基准,绘制风螺旋线。其后续航段的外边界为与标称航迹成 15°角扩展的保护区外边界。

转弯区内边界的起点为最早转弯点,即 D''-D''。从该点绘制与连接下一航段的标称航迹成 15°夹角的线段,作为转弯保护区的内边界。如图 5-13 所示。

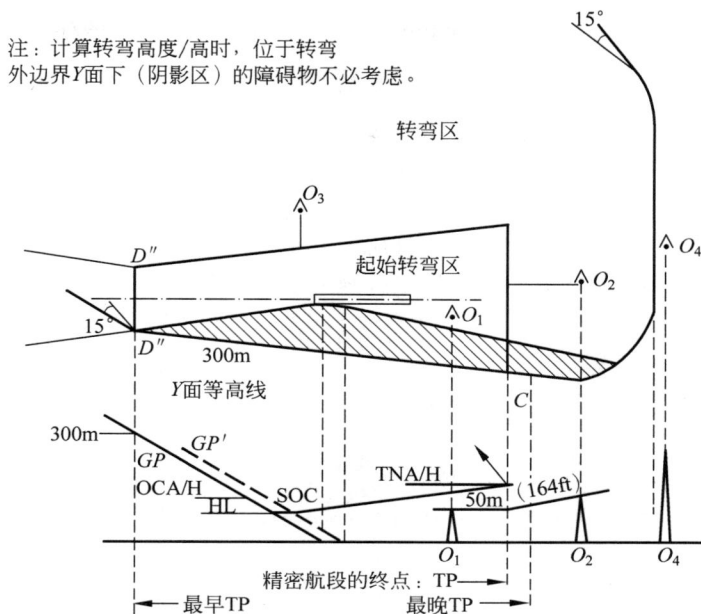

注：计算转弯高度/高时，位于转弯
外边界Y面下（阴影区）的障碍物不必考虑。

图 5-13　指定高转弯复飞(精密航段标称终点之前转弯)

③ 超障余度。

a. 转弯起始区超障余度。

转弯大于 15°时,转弯起始区障碍物的标高/高小于 TNA/H－50m(H 类为 40m)；转弯小于 15°时,转弯起始区障碍物的标高/高小于 TNA/H－30m,但位于转弯外侧 Y 面之下的障碍物在计算转弯高度/高时不予考虑。

b. 转弯区的超障余度。

转弯区内及以后区域内的障碍物标高/高应小于 TNA/H$+d_\circ\tan Z-$MOC,式中,$d_\circ$为从障碍物到起始转弯区边界最近点的距离；MOC 取值：转弯大于 15°时为 50m,转弯小于 15°时为 30m,如果有副区,则 MOC 线性减小至副区外边界为 0。

④ 转弯高度/高的调整。

如果障碍物超出上述标准,则需对转弯高度/高进行调整。调整转弯高度/高有两种方法。

a. 调整转弯高度/高而不改变 OCA/H,这就意味着要移动 TP,重新绘制保护区。

b. 增加 OCA/H 以增加转弯高度/高,因此通过该 TP 的转弯高度/高更高,但转弯区不变。

(2) 指定点 TP 转弯。

① 如规定在指定 TP 点转弯,且最早 TP 在精密标称终点之前,则精密航段终止于最早TP。这样可以计算 OCA/H$_{PS}$ 和(OCA/H$_{PS}$-HL),从而确定 SOC。

② 如程序要求在指定 TP 点实施转弯,则 TP 定位信息应与程序一起公布。

③ 转弯起始区。

副区以 SOC 为起点,与 Y 面的外边界成 15°向外扩张至下一航段的宽度(RNP1 以下的导航规范),终止于 TP 最晚转弯点。主区以 Z 面为基准,扩张至下一航段主区边界,终止于 TP 最晚转弯点。

④ 转弯区。

以转弯起始区终止位置为起点,做风螺旋线,与下一航段的保护区衔接。如图 5-13 所示。

⑤ 超障余度。

障碍物标高/高应低于:

$$OCA/H_{PS} - HL + d_o \tan Z - MOC$$

式中,d_o 为 SOC 到最早 TP 水平距离加障碍物至最早转弯点距离;MOC 为 50m(转弯大于 15°)或 30m(转弯小于 15°)。

2) 精密航段终点后转弯

(1) 指定高度/高转弯,如图 5-14 所示。

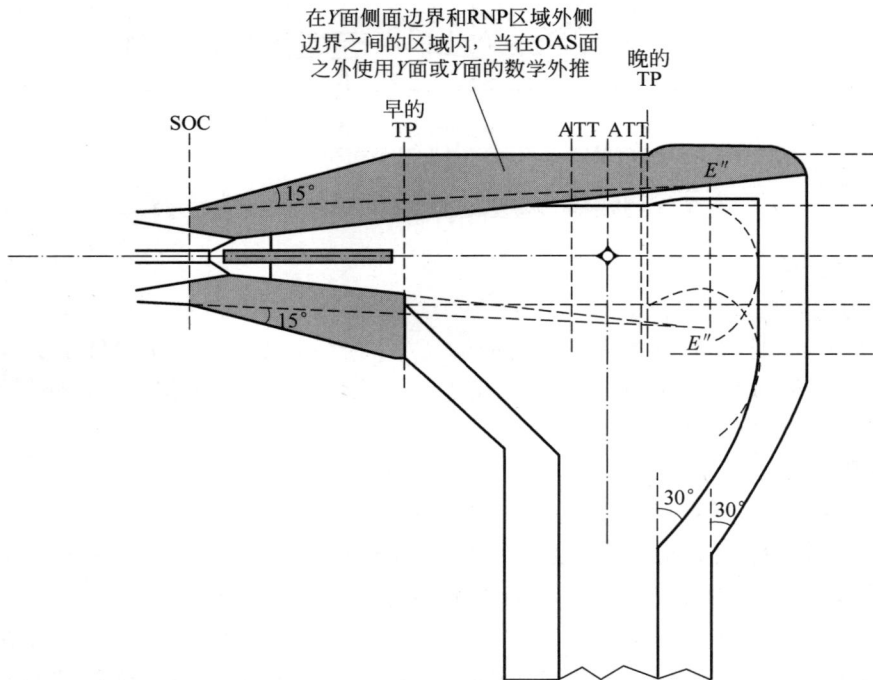

图 5-14　指定点转弯复飞(精密航段结束之前的旁切转弯)

① 转弯高度/高的确定。

a. 选择最晚转弯点。复飞航迹上该最晚 TP 与需避开障碍物之间的距离大于

$$E + \sqrt{r^2 + E^2}$$

式中,r 为转弯半径;E 为转弯 90°受风影响的距离。

b. 确定最晚 TP。最晚 TP 位于 TP 之后一个操作容差 C 处,C 为飞行员顺风飞行 6s 的距离。

c. 计算 OCA/H_{PS},TP 在精密航段之后,精密航段结束于 300m 等高面,可计算出

OCA/H_{PS} 及 $OCA/H_{PS}-HL$。

d. 根据 $OCA/H_{PS}-HL$ 可确定 SOC 位置,并计算转弯高度/高:

$$TA/H=OCA/H_{PS}-HL+d_Z\tan Z$$

② 转弯起始区。

转弯起始区开始于 $D''-D''$ 处,宽度与精密航段宽度相同。至精密航段终止处,与 Y 面成 15°扩展至最晚转弯点位置(最宽可扩展至下一航段的副区宽度)。

③ 转弯区。

转弯外边界起始于转弯最晚点副区边界位置,做风螺旋线。从风螺旋处做与下一航段标称航迹外扩 15°的切线,与下一航段保护区衔接。

内边界起始于转弯起始区的起始位置,做与下一航段标称航迹成 15°的直线,与下一航段保护区衔接。

④ 超障余度。

a. 转弯起始区超障余度。

转弯大于 15°时,转弯起始区障碍物的标高/高小于 $TNA/H-50m$(H 类为 40m);转弯小于 15°时,转弯起始区障碍物的标高/高小于 $TNA/H-30m$,但位于转弯外侧 Y 面之下的障碍物在计算转弯高度/高时不予考虑。

b. 转弯区的超障余度。

转弯区内及以后区域内的障碍物标高/高应小于 $TNA/H+d_o\tan Z-MOC$,式中,d_o 为从障碍物到起始转弯区边界上最近点的距离;MOC 取值:转弯大于 15°时为 50m,转弯小于 15°时为 30m,如果有副区,则 MOC 线性减小至副区外边界为 0。

(2) 指定点转弯。

① 如规定在指定 TP 点转弯,且最早 TP 在精密标称终点之后,则精密航段终止于 300m 等高面。这样可以计算 OCA/H_{PS} 和($OCA/H_{PS}-HL$),从而确定 SOC。

② 如程序要求在指定 TP 点转弯,则 TP 定位信息应与程序一起公布。

③ 转弯起始区。

副区以 SOC 为起点,与 Y 面的外边界成 15°向外扩张至下一航段的宽度(RNP1 以下的导航规范),终止于 TP 最晚转弯点。主区以 Z 面为基准,扩张至下一航段主区边界,终止于 TP 最晚转弯点。

④ 转弯区。

以转弯起始区终止位置为起点,做风螺旋线,与下一航段的保护区衔接。如图 5-15 所示。

⑤ 超障余度。

障碍物标高/高应低于:

$$OCA/H_{PS}-HL+d_o\tan Z-MOC$$

式中,d_o 为 SOC 到最早 TP 水平距离加障碍物至最早转弯点距离;MOC 为 50m(转弯大于 15°)或 30m(转弯小于 15°)。

(3) 对早转弯的保护。

如果公布的程序没有规定一个定位点类限制飞机过早到达规定的 TH 上实施转弯,则应检查飞机可能飞越区域的超障余度,或规定一个从 FAF 开始的转弯保护区。如果程序不

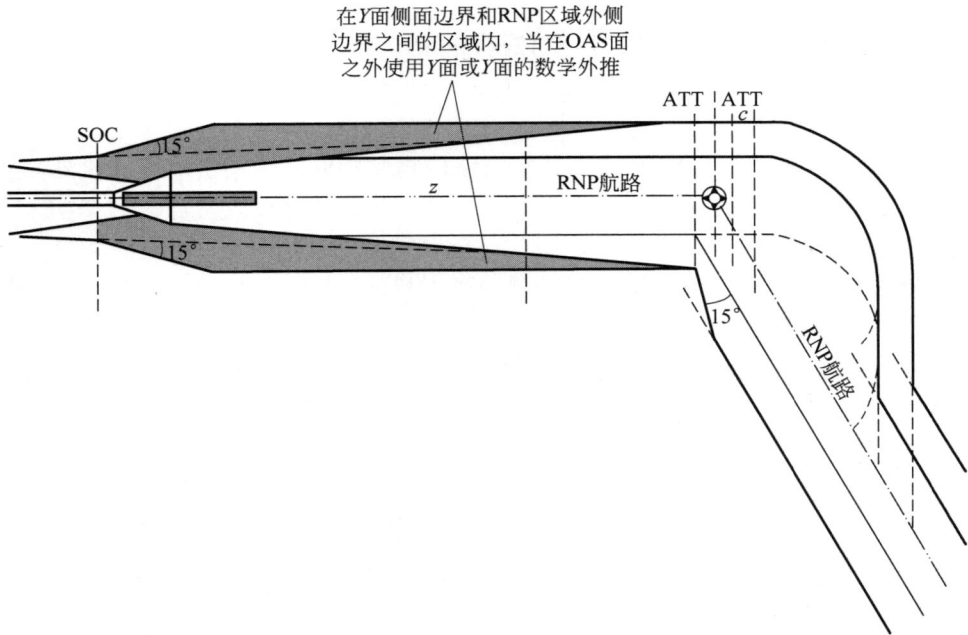

图 5-15　指定点转弯复飞(精密航段结束之后的飞越转弯)

禁止在 MAPt 之前转弯,则必须考虑在最后进近保护区之外外加保护区,在该区域内障碍物高度/高须小于 TNA/H$+d_{\circ}-50$m,其中,$d_{\circ}$ 为从障碍物到最后进近保护区边界的最近距离。

如果无法满足该规定,则必须禁止在 MAPt 之前转弯,并且必须在进近图的剖面图中加以注明。

5.6　GLS 在我国应用前景

PBN 导航规范无法实现精密进近,而 GLS 为基于 PBN 的精密进近带来了契机。在机场建设 GBAS 系统后,可实现卫星导航与 GBAS 系统结合,提供精密进近功能。

GLS 导航的成本低于传统 ILS 导航,精度、可靠性和稳定性优于 ILS 导航,可降低运营成本。1 套 GLS 设备可为 48 套进近程序提供导航服务,基本可以满足机场所有跑道的进近引导需求,而 GLS 单台设备所需成本仅为 ILS 设备的 1/3,甚至更低。同时,使用 GLS 航行新技术需要的定期校验间隔周期长达 1 年半,相较于 ILS 设备可显著减少设备维护成本。

对于大型机场而言,每条跑道需要两套 ILS 导航系统,而 GLS 可以为多条跑道提供导航服务,可极大减少对场地的需求。且 GLS 的下滑角度设置更灵活,不存在 ILS 进近的临界保护区限制问题,能够缩短地面放行间隔,提高机场的运行效率和容量。

基于 GLS 导航新技术的优势,当前国际上对 GLS 的应用也处于飞速发展阶段,德国、美国、澳大利亚等国家某些机场已开始实施 GLS I 类运行。GLS 作为未来精密进近着陆发展的方向,已成为民航局航行技术应用与发展委员会试行推广的重点项目。我国早在 2014年就开始在浦东机场进行 GLS 飞行演示的准备,并陆续完成了 GLS 地面设备选址、频率协

调、飞改装及飞行员培训等工作。2015 年先后于上海浦东机场完成了 GLS 飞行程序评审及模拟机试飞工作[21]。同年,4 月 29 日,东方航空及山东航空分别驾驶 B737 及 A321 两架飞机成功进行了 GLS 演示验证飞行。这次试飞演示表明 GLS 精密进近着陆技术在中国民航领域应用的可行性,是中国民航新技术推广应用的重要节点。

众多机型开始兼容 GLS 导航功能,B737NG、B737MAX、B747-8、B787、A330、A350 及 A380 等机型已具备 GLS 功能或 GLS 改装条件。GLS 作为 PBN 精密进近导航引导的导航新技术,以其节能、低成本、高精度、广泛适用性等优势将逐步取代传统 ILS 的导航。我国部分机场的 GLS 验证也已顺利完成,未来 GLS 将成为我国民航机场发展的新趋势。

习题

1. 已知障碍物 O1(2500,530),高 $h_1=30\text{m}$;障碍物 O2(−3200,1300),高 $h_2=171\text{m}$。问:障碍物是否穿透基本 ILS 面?

2. 穿透基本 ILS 面和 OAS 面的障碍物 O1(−267,230),高 $h_1=52\text{m}$;障碍物 O2(−685,320),高 $h_2=25\text{m}$;判断两个障碍物的类型。

3. 计算障碍物 O12(−685,320),高 $h_2=25\text{m}$ 的当量进近障碍物高。

4. 机场标高为 1400m,穿透基本 ILS 面和 OAS 面的控制障碍物 O1(−560,430);高 $h_1=31\text{m}$。计算 OCH。

第 6 章　气压垂直导航程序设计

气压垂直导航(Baro-VNAV)是一种导航系统,可将根据规定的通常为3°的垂直航径角(VPA)计算出的垂直引导信息提供给飞行机组人员。计算机求得的垂直引导基于气压高度,由从基准高(RDH=15m)开始的垂直航径角确定。

有垂直引导进近程序(APV),又称类精密进近,指有方向引导和垂直引导,但不满足建立精密进近和着陆运行要求的仪表进近。

本章有关超障设计及计算部分采用的距离和高均从跑道入口测量,障碍物位置用原点位于跑道入口处的常规 x、y、z 坐标系确定。x 轴平行于精密航段的航迹;着陆入口之前为正,着陆入口之后为负。y 轴垂直于 x 轴,沿跑道入口方向的右侧为正,左侧为负(在与OAS相关的几何尺寸计算中,y 总取正值);z 是竖直轴,入口以上的高为正。所有与OAS面相关的尺寸均使用 m 为单位,其中应该包括为满足测量数据容差而做的任何必要调整。

本章的 Baro-VNAV 准则并不适用 RNP AR APCH 的程序设计。基于 RNP AR APCH 的 APV/Baro-VNAV 的垂直超障余度,是以一个特定的、定义明确的垂直误差分布(VEB)为基础的,适用其他不同程序设计的 APV/Baro-VNAV 准则,不适用于 VEB。

6.1　气压垂直导航概述

Baro-VNAV 的进近程序分类属于支持 A 类 3D 进近运行的 APV 程序。它使用 DA/H 而不是 MDA/H,并利用 LNAV 程序中的 FAF 和复飞点确定保护区,但是 FAF 和复飞点不作为 Baro-VNAV 程序的一部分,且 Baro-VNAV 程序既没有 FAF 识别,也没有复飞点识别。它们使用与 ILS 相似的障碍物评价面,但基于特定的水平引导。Baro-VNAV 程序与仅有 LNAV 的程序一起使用,在仅有 LNAV 的程序中,应该使用 FAF 和复飞点确定水平区域,以支持水平引导,但它们不用于垂直导航功能(与水平导航性能即 LNAV 相关的准则,基于第 3 章中的 RNP APCH 内容)。Baro-VNAV 程序不得使用远程高度表拨正值。

利用 Baro-VNAV 程序估算障碍物需完成以下三步。

(1) 确定 VPA 和最后进近面(FAS)。

(2) 建立 APV-OAS 面。

(3) 根据穿透 APV-OAS 面的障碍物计算 OCH/A。

6.2 Baro-VNAV 运行的标准条件

（1）如机场及 VNAV 系统适合进近运行,如需运行 Baro-VNAV 程序相关导航设备还需另外满足以下要求。

① 据鉴定合格的沿航迹和偏航性能(TSE)在 95％ 概率(2σ)时等于或小于 0.56km (0.3n mile)的导航系统,以下系统可认为满足这个要求:经鉴定适于进近运行的 GNSS 导航系统;使用惯性基准组件结合 DME/DME 或 GNSS 的多重传感系统;经批准的等于或小于 RNP 0.3 进近运行的 RNP 系统。

② 对于进近运行合格的 VNAV 系统。

③ 导航数据库,包括程序和复飞的航路点、有关 RNAV 和 VNAV 的资料(RDH 和 VPA),这些资料在机组选择时自动输入导航系统,数据库的完整必须通过适当的质量保证程序保障。

（2）除上述设备要求外,Baro-VNAV 还需满足相应运行要求,即垂直航径角度。

垂直航径角(VPA)是 Baro-VNAV 是程序中公布的最后进近下降角度,最佳 VPA 是 3°。实效 VPA 与温度和机场标高有关(低温条件会减小实效 VPA,高温条件会增加实效 VPA),因此实效 VPA 与公布的 VPA 有所区别。公布的 VPA 应该在给定机场标高和盛行温度情况下,整年的实效 VPA 应尽可能接近 3°。

公布的最佳 VPA 须能使实效 VPA 满足如下两个条件:实效 VPA 在最低盛行温度时应保持等于或大于 2.5°;实效 VPA 在最高盛行温度时应保持等于或小于 3.5°。可查表 6-1 对公布的 VPA 进行修正。

程序不应该公布低于 2.5°的 VPA,公布高于 3.5°的 VPA 程序是非标准程序,它应受限于航行研究并须得到成员国主管当局的特殊批准。

表 6-1 温度与机场标高 VPA 的影响-失效 VPAvs 公布 VPA
（绿色＝最佳；黄色＝非标准；橙色＝禁止）

表 6-1(彩)

| 温度/℃ | 公布 VPA 2.8° | | | 公布 VPA 3.0° | | | 公布 VPA 3.2° | | |
| | 机场标高/ft | | | 机场标高/ft | | | 机场标高/ft | | |
	MSL	3000	6000	MSL	3000	6000	MSL	3000	6000
50	3.14	3.21	3.28	3.37	3.44	3.51	3.59	3.67	3.75
40	3.05	3.11	3.18	3.26	3.33	3.40	3.48	3.55	3.63
30	2.95	3.01	3.07	3.16	3.22	3.29	3.37	3.44	3.40
20	2.85	2.91	2.97	3.05	3.12	3.18	3.26	3.32	3.40
10	2.75	2.81	2.87	2.95	3.01	3.07	3.14	3.21	3.28
0	2.65	2.71	2.77	2.84	2.90	2.96	3.03	3.10	3.16
−10	2.55	2.61	2.66	2.74	2.79	2.85	2.92	2.98	3.04
−20	2.46	2.51	2.56	2.63	2.69	2.74	2.81	2.87	2.93
−30	2.36	2.42	2.46	2.53	2.58	2.63	2.70	2.75	2.81
−40	2.26	2.31	2.36	2.42	2.47	2.53	2.58	2.64	2.70
−50	2.16	2.21	2.26	2.32	2.36	2.42	2.47	2.52	2.58

（3）Baro-VNAV 的基准高必须为 15m(50ft)。

（4）所有障碍物的高以入口标高为基准。

【例】 机场标高为 3000m，公布的 VPA 为 3°，则当外界温度为 −10℃条件下，实效 VPA 是否失效？

解：

根据表 6-1 可知，当外界温度为 −10℃时，机场标高为 3000m，公布 VPA 为 3°，则实效 VPA 为 2.79°，大于 2.5°，所以未失效。

6.3 APV 航段

Baro-VNAV 程序的 APV 航段包含用于落地的最后下降航段及复飞的起始和中间航段。它应该与跑道中线延长线对正，当在物理上无法将最后进近航段对正跑道中线延长线时，允许在 FAF 处有最大 15°的转弯。

APV OAS 的起点为 FAP，FAP 位于垂直航径与此前航段的最低规定高相交的位置。在 ISA 条件下，它是垂直航径与前航段规定程序高度的交点，FAP 在入口之前的距离不应超过 19km(10n mile)。APV OAS 终止于复飞等待点(MAHF)、复飞转弯定位点(MATF)或转弯高度中最早者。在 APV OAS 之后使用 LNAV 复飞准则。LNAV 的 FAF 和 MAPt 主要用于确定保护区和各面的几何结构，确定 LNAV 基本程序和数据库编码目的。

1. OAS 定义

OAS 用于识别需要考虑的障碍物，它由 FAS、水平面和复飞面(Z 面)组成。

最后进近面以 LNAV 主区的边界为水平边界，每个面都有相应的侧面。APV-OAS 侧面高侧/外侧的边界，在横向上与 LNAV 副区的外边界一致。APV-OAS 侧面低侧/内侧的边界，在横向上与主区边界一致。如图 6-1 及图 6-2 所示。

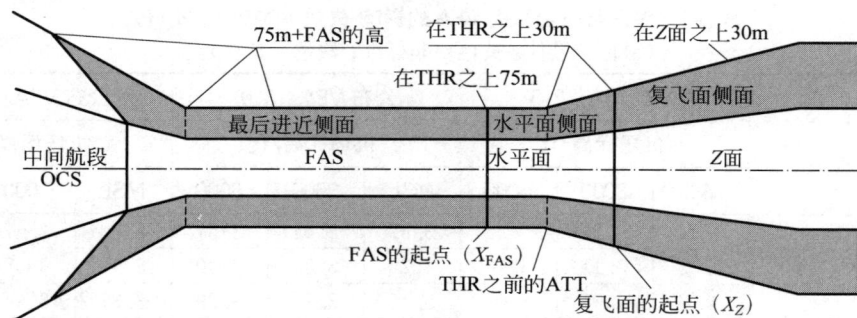

图 6-1　APV/Baro-VNAV 保护区-APV-OAS 平面图

2. 最后进近面(FAS)

最后进近面起始于跑道入口高度，并且位于一个点之前 444m(一倍 ATT)。该点处公布的垂直航径达到入口之上一个特定高度 H_i。H_i 是一个与整个最后进近航段相关的高度值。最后进近面延伸至与中间航段的水平 OCS 面相交处。该交点可能位于 FAP 之前或之后。当交点位于 FAP 之后时，中间航段的 OCS 在最后进近航段内继续，并成为最后航段的 OC，直至与最后进近面相交。

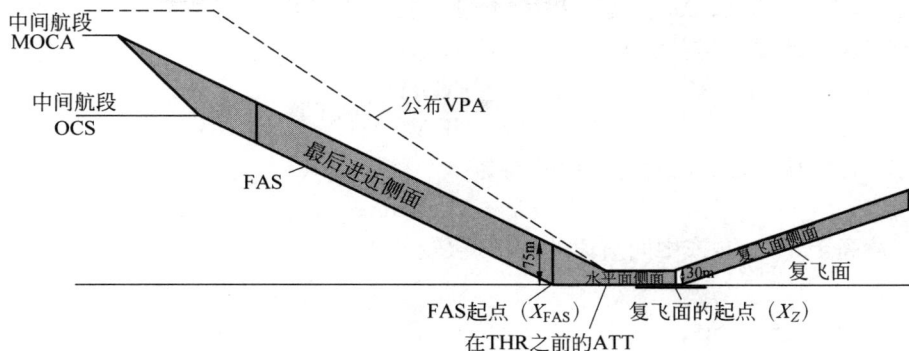

图 6-2 Baro-VNAV 剖面图

H_i 根据以下条件进行取值：AMSL 为 5000ft 以下时，$H_0=75\text{m}$；AMSL 在 5000～10000ft 之间时，$H_{5000}=105\text{m}$；AMSL 在 10000ft 以上时，$H_{10000}=120\text{m}$。

1）VPA 的确定

VPA 的确定是一个反复的过程。最开始基于表 6-1 选定一个 VPA。设计开始实施，使用该 VPA 计算 OCH/A，并确定最低可用温度。如果评估结果令人满意，则公布该 VPA、OCH/A 和最低温度。如果结果不满意，则调整 VPA 和最低温度，直至得到最佳解决方案。

2）有效 VPA 的计算

有效 VPA 由 VPA、沿航迹容差 444m（一倍 ATT）及根据最低温度的低温高度修正等因素确定。有效 VPA 的计算公式如下：

$$\text{VPA}_{\min}=\arctan\left(\frac{h_{\text{FAP}}-C_t-\text{RDH}}{d_{\text{THR-FAP}}}\right)$$

式中，h_{FAP} 为 FAP 处公布的 VPA 航迹高；C_t 为温度修正高；RDH 为基准高；$d_{\text{THR-FAP}}$ 为跑道入口到 FAP 的距离。

3）最低温度的确定

最低温度取决于最小 VPA（温度的校正参见附录）

最低温度一般取最近 5 年统计的机场标高处每年最冷月份最低温度平均值，按向下 5℃取整。然后对最低公布温度对应的最小 VPA 进行计算。如计算结果小于 2.5°，则应增加公布 VPA 使结果大于或等于 2.5°。

确定后的最低温度应在航图上公布。公布的最低温度是受天气（能见度和云底高）影响的跑道可用性与低温之间的最佳平衡。航空器具有航空电子设备商批准的最后进近温度补偿功能，如果最低温度不低于该设备批准的最低温度，或不低于 SBAS 航空电子设备批准执行 Baro-VNAV 程序的最低温度，则无最低温度限制。

4）最后进近面

（1）FAS 的角度、起点和高的计算，如图 6-3 所示。

FAS 的角度（α_{FAS}）可由下式确定：

$$\tan\alpha_{\text{FAS}}=\frac{(h_{\text{FAP}}-\Delta h-H_i)\times\tan\text{VPA}}{h_{\text{FAS}}-H_i}$$

式中,h_{FAP} 为 FAP 的高;Δh 为温度校正(修正方法见附录)。

FAS 在入口高度的起点可由下式确定:

$$X_{FAS} = \frac{(H_i - RDH)}{\tan VPA} + ATT$$

至入口距离为 x 处的最后进近面的高为

$$h_{FAS} = (x - X_{FAS})\tan\alpha_{FAS}$$

h_{FAS} 最高至 5000ft,或中间航段的 OCS 取较小值。

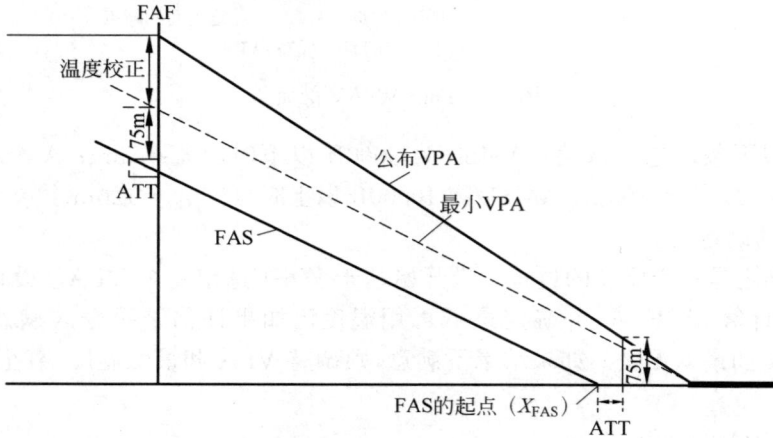

图 6-3   VNAV 最后进近面和最小 VPA

需注意 FAS 标高高于 5000ft 和 10000ft 的情况,当计算 h_{FAS} 导致 FAS 标高高于 5000ft AMSL 时,从 x 坐标向前,75m 的 H_0 由 105m 的 H_{5000} 代替。在这种情况下,$\tan\alpha_{FAS'}$、$h_{FAS'}$ 和 $X_{FAS'}$ 应该使用 105(H_{5000})重新计算。如果 $h_{FAS'}$ 的结果使 FAS′的标高低于 5000ft AMSL,则在 x 处的 FAS′的标高应设置为 5000ft AMSL。如果 $h_{FAS'}$ 的结果使 FAS′的标高高于 5000ft(但低于 10000ft AMSL),则在 x 处的 $h_{FAS'}$ 的标高应该为 FAS′的标高。如果使用 105m(H_{5000})导致 FAS″的标高高于 10000ft,则重复上述步骤计算。

(2) 最后进近侧面的低侧/内侧由 FAS 的边界确定。最后进近侧面的外侧边界由 LNAV 副区 FAS 之上的 H_i 确定。

(3) 最后进近面:最后进近面高于 5000ft,当中间航段的水平 OCS 面高于 AMSL 5000ft 时,5000ft 之上的 FAS 由一个修订的最后进近面代替。其中 5000~10000ft 之间为 FAS′,10000ft 之上为 FAS″。FAS″、FAS′和 FAS 各面分别由 10000ft 和 5000ft 的水平面连接。

$X_{FAS'}$ 和 $\tan\alpha_{FAS'}$ 的计算依据上面公式,并且 H_{5000} 取值 105m。

$X_{FAS''}$ 和 $\tan\alpha_{FAS''}$ 的计算依据上面公式,并且 H_{10000} 取值 120m。

与 FAS′相关的最后进近侧面外边界是由 FAS′之上 105m 的 LNAV 副区边界确定,与 FAS″相关的最后进近侧面是由 FAS″之上 120m 的 LNAV 副区边界确定。与连接 FAS″、FAS′和 FAS 的水平面相关的侧面外边界分别从 120m 降低至 105m,从 105m 降低至 75m。这导致与水平面对应的侧面是扭曲的。如图 6-4 所示。

【例】 某机场使用 RNP APCH 导航规范,机场标高为 1200m,公布的 VPA 为 3°,基准

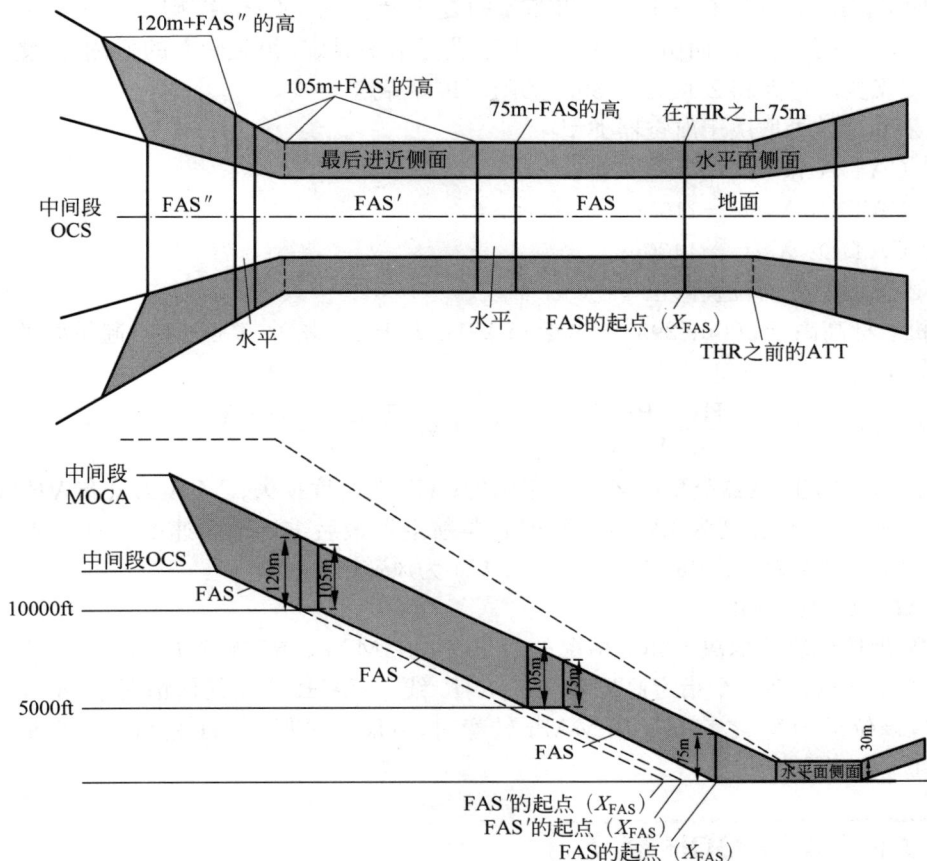

图 6-4　5000ft 以上的最后进近面

高为 15m，请确定 FAS 面起始点。

　　解：

　　RNP APCH 导航规范在最后进近段的 XTT＝0.3n mile，ATT＝0.8XTT＝0.24n mile；
机场标高为 1200m＜5000m，所以机场的 H_0＝75m。

　　根据已知条件利用公式

$$X_{FAS}=\frac{H_i-RDH}{\tan VPA}+ATT$$

　　计算可得 FAS 起点为跑道之前 1587.4m 处。

　　3. 水平面

　　水平面定义为在入口高度的面，由 FAS 起始处和复飞面起始处之间的 LNAV 主区的
方位确定，水平侧面低侧/内侧边界由 LNAV 在入口高度的主区边界确定，侧面高侧/外侧
的边界由 X_{FAS} 起点处的 LNAV 副区外边界（高度为入口之上 H_i）和 LNAV 区域的外侧边
界确定，在入口之前的 ATT 处降低至 30m，并保持入口之上 30m 直至 X_Z。

　　4. 复飞面

　　复飞面起始于相对入口－900m～1400m 的入口平面。它的标称梯度为 2.5%。如果
公布大于 2.5% 的复飞爬升梯度能够获得运行上的好处，则 Z 面和相关的侧面应该调整到

更高的梯度。如果公布了一个大于 2.5% 的复飞梯度的 OCH/A，则 2.5% 复飞梯度的 OCH/A 也应该公布。Z 面由 LNAV 的主区进行水平界定，相关侧面的低侧/内侧边界由 LNAV 复飞主区边界和 Z 面之上 30m 的副区边界界定。

1）Z 面起始处取决于航空器类型

（1）CAT A 和 B：$X_Z = -900\text{m}$。

（2）CAT C：$X_Z = -1100\text{m}$。

（3）CAT D：$X_Z = -1400\text{m}$。

2）Z 面起始处的位置修正

当机场标高高于 900m（2953ft）或公布 VPA 大于 3.2% 时，Z 面（X_Z）起始处的确定应该按照如下公式：

$$X_Z = \min\left\{X_{ZC}, \frac{(\text{HL}-\text{RDH})}{\tan\text{VPA}} - \left[\text{ATT} + \frac{2\times\text{TAS}\times\sin\text{VPA}}{\gamma}\times(\text{TAS}+V_\text{W})\right]\right\}$$

式中，X_{ZC} 为对应航空器类型的 Z 面的起始处；HL 为高度损失；VPA 为公布 VPA；TAS 为基于机场标高处，温度为 IAS+15℃ 时各类航空器最后进近最大速度的真空速（见第 3 章）；γ 为垂直递减路 $[0.08g(2.56\text{ft/s}^2)]$；$V_\text{W}$ 为风速（10kn）。

5. APV 航段的终止

APV 航段的终止取决于如下情况的最早者：在 MAPt 指定转弯的 MAPt 最早点；在 MATF 的最早点；在一个指定高度转弯的 K-K 线；MAHF。在任何情况下，最早的转弯点都不应该位于 SOC 之前。当在 MAPt 转弯时，可能的最低 OCH 是高度损失加上最早 MAPt 处 VPA′ 面的高。

6.4 APV 航段 OCH 确定

APV 程序的 OCA/H 是制定 APV/Baro-VNAV 程序最低着陆标准的主要依据。这高度必须确保航空器在 APV/Baro-VNAV 程序中及其后复飞的运行安全。

6.4.1 APV 航段的障碍物分类

对于穿透 APV OAS 面的障碍物分为进近障碍物和复飞障碍物，其划分标准如下。

（1）进近障碍物位于最后进近航段起点与 Z 面起点之间。

（2）位于后续复飞航段的是复飞障碍物，如图 6-5 所示。

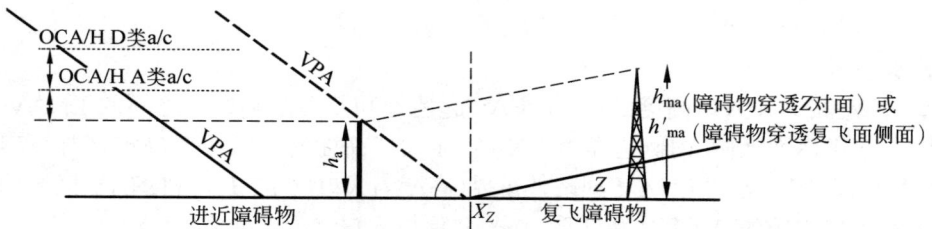

图 6-5　复飞障碍物

但在一些情况下,这样划分可能导致某些被划分为复飞障碍物的障碍物引起的 OCH/A 过高,提高运行标准。此时,以复飞面 X_Z 为起点做与公布 VPA 平行的 VPA′,高于该面的障碍物可看作复飞障碍物,低于该面的障碍物可看作进近障碍物。该面的高度方程式为

$$H_{VPA} = (x - X_Z) \times \tan VPA$$

x 为障碍物所在位置坐标,将其代入公式,计算出该位置 VPA′ 面的高,与障碍物高度进行比较,根据比较结果确定其为哪类障碍物:若 $h_{obs} \leqslant H_{VPA}$,则为进近障碍物;若 $h_{obs} > H_{VPA}$,则为复飞障碍物。

位于 Z 面起点之前穿透 FAS 侧面,或位于地面侧面的障碍物,如果它们穿透了根据障碍物沿航迹距离定义的 VPA′ 侧面,也可以看作复飞障碍物。侧面的内边界位于 VPA′ 高所在位置处 LNAV 的主区边界,外边界为 LNAV 的副区边界高于 VPA′ 30m 处。如图 6-6 所示。

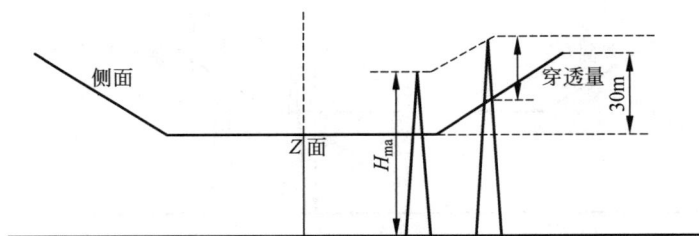

图 6-6　复飞面侧面穿透

6.4.2　进近障碍物

若最后进近障碍物穿透 FAS 面或水平面,则确定最后进近的 OCH 应该将与类型相关的高度损失余度加到障碍物高度上(高度损失见 6.4.4 节)。

最后进近障碍物穿透了最后进近侧面或与水平面相关的侧面,确定最后进近的 OCH 应该将一个值加到该障碍物高度上,该值从侧面内侧边界至侧面外侧边界由整体高度损失减少至 0。

6.4.3　复飞障碍物

(1) 对于穿透最后进近面,水平面或 Z 面的复飞障碍物,应按下式将所有复飞障碍物的高换算为进近障碍物的高:

$$h_a = \frac{h_{ma} \cot Z + (X - X_Z)}{\cot Z + \cot \theta}$$

式中,h_a 为当量进近障碍物的高;h_{ma} 为复飞障碍物的高;$\cot Z$ 为 Z 面角度的余切值;$\cot \theta$ 为 VPA 的余切值;X_Z 为中间复飞面(Z)的 X 坐标;X 为障碍物距入口的距离(之前为正,之后为负)。如图 6-7 所示。

(2) 对于穿透侧面的复飞障碍物,当量进近障碍物高的计算应该使用如下公式:

$$h_a = \frac{h'_{ma} \cot Z + (X - X_Z)}{\cot Z + \cot \theta}$$

式中,h'_{ma} 为穿透量加上穿透障碍物沿航迹距离处的侧面内边界高。如图 6-8 所示。

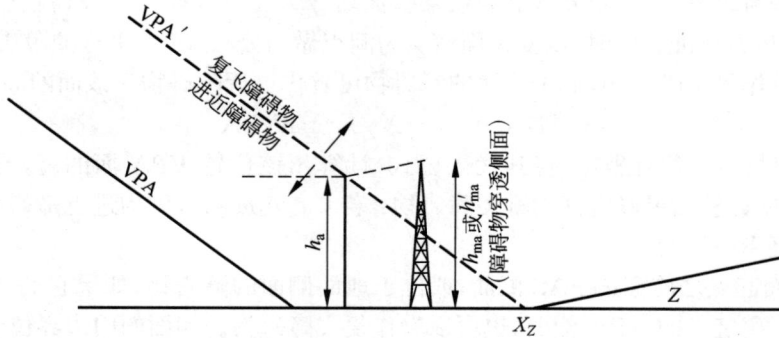

图 6-7   复飞障碍物的当量高

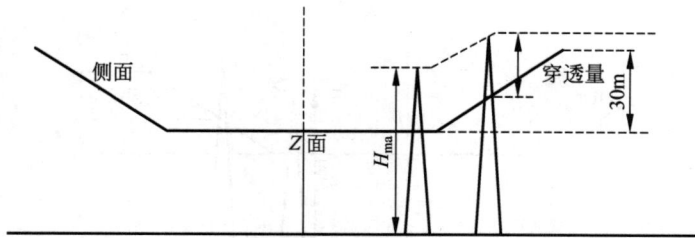

图 6-8   复飞侧面的复飞障碍物当量高

6.4.4   高度损失余度

为保证飞机能安全飞越进近障碍物和复飞障碍物,应在所有穿透 APV OAS 面的障碍物当量高之上增加一个气压高度表的高度表损失余度(HL)。因此最低超障高可以表示为

$$OCH = H_{Obs} + HL$$

1) HL

HL 是考虑飞机由最后进近的下降转弯复飞上升时,飞机的惯性和空气动力性能及高度表误差等因素引起的高度损失,其取值与飞机类别和高度表测量原理有关,如表 6-2 所示。HL 适用于Ⅰ类与Ⅱ类运行,并不适用于Ⅲ类运行。这些数据没有考虑障碍物的横向偏移,也没有考虑飞机偏移的可能性。如需综合考虑这些可能,则应该使用碰撞风险模型。

表6-2   高度损失余度

飞 机 类 别	使用无线电高度表的余度		使用气压高度表的余度	
	m	ft	m	ft
A 类：169km/h(90kn)	13	42	40	130
B 类：223km/h(120kn)	18	59	43	142
C 类：260km/h(140kn)	22	71	46	150
D 类：306km/h(165kn)	26	85	49	161
H 类：167km/h(90kn)	35	115	8	25

注：无线电高度表的余度仅用于陡角度和高海拔机场的修正,而不是为导出 OCH。

2）HL 的修正（高海拔和陡角度的调整）

高海拔机场及陡角度进近都将影响 HL，需对不同的运行条件对 HL 进行调整。

（1）高海拔机场。当机场标高高于 900m(2953ft)，表 6-2 中的数值应该进行调整。机场标高每增加 300m，表中气压高度表的数值应该增加无线电高度表余度的 2%。

（2）陡角进近。除非有例外，对于进近角度大于 3.2°，下滑角在 3.2°～3.5°之间，每增加 0.1°，气压高度表的数值应该增加表列无线电高度表余度值的 5%。

3）航空器有非标准高度损失值的调整

表 6-2 中值的计算时考虑航空器在标称进近航径上，从 OCH/A 开始使用正常的手工复飞程序。当经过充分的飞行理论证明是可行的时，如该高度损失值对应的风险概率达到 1×10^{-5}（基于 10^{-2} 的复飞概率），则该表中针对特定航空器类型的值可以进行调整。

4）特定的 V_{at} 余度

如果要求与特定 V_{at} 对应的高度损失/高度表余度，则应使用如下公式：

余度 $=(0.068V_{at}+28.3)$m，其中 V_{at} 的单位是 km/h；

余度 $=(0.125V_{at}+28.3)$m，其中 V_{at} 的单位是 kn。

式中，V_{at} 为入口速度，基于最大批准重量和着陆形态下失速速度的 1.3 倍。

注：该等式假定航空器的空气动力学和动态特性与速度类型直接相关。因此，计算的高度损失/高度表余度实际上可能不适用于最大着陆重量条件下 V_{at} 超过 165kn 的小型航空器。

【例】

C 类航空器，机场标高 1650m MSL，下滑角为 3.5°，计算修正后的 HL。

对机场标高进行修正：

$$22 \times 2\% \times \frac{1650}{300}\text{m} = 2.42\text{m}$$

对下滑角进行修正：

$$22 \times 5\% \times \frac{3.5-3.2}{0.1}\text{m} = 3.30\text{m}$$

总的修正为 5.72m，向上取整为 6m。

修正的无线电高度表余度为 22m+6m=28m。

修正的气压高度表余度为 46m+6m=52m。

6.5 最后进近偏置对正的 Baro-VNAV 进近

在某些情况下，由于障碍物问题在物理上无法将最后进近航迹对正跑道中线，此时可以设置偏置的最后进近航迹以避开障碍物。但不能将最后进近航迹偏置当作消减噪声的方法。

1. 最后进近航迹偏置要求

偏置的最后进近航迹要与跑道中心延长线相交，并符合以下要求。

（1）偏置的最后进近航迹与跑道中线延长线夹角不超过 15°。

（2）入口之前距离为 D，是在发布的 VPA 到达入口标高之上 75m(246ft)处之前能提供至少一倍最小稳定距离（MSD）。如图 6-9 所示。

MSD 是 L_1 与 L_2 之和，其中，L_1 为交叉点与转弯结束处之间的距离，L_2 是考虑 3s 延迟对应的改出距离。

$$L_1 = r \tan(\theta/2)$$

$$L_2 = 3V/3600$$

式中，r 为按照 15°坡度和最后进近 TAS+19km/h（10kn）对应的转弯半径；θ 为转弯角度。

上式中，如果距离和转弯半径单位为 n mile，则 V 单位为 kn；如果距离和转弯半径单位为 km，则 V 单位为 km/h。

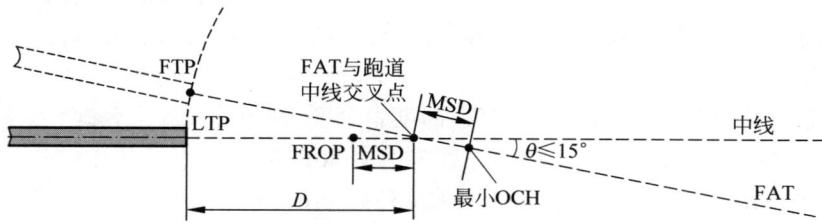

图 6-9　最后进近航迹对准偏置的 Baro-VNAV

2. 偏置的最后进近的超障标准

最后进近偏置对正的 Baro-VNAV 进近在评估障碍物和确定 OCH 的步骤、方法和准则时与正常情况一样，只是所有超障面和计算都是基于一个与最后进近航迹对正的假想跑道。

这种程序的 OCH/A 应该最少等于发布的 VPA 在交点处的高度/高加上 MSD·tanVPA，即最小 OCH＝RDH＋D·tanVPA＋MSD·tanVPA。

6.6　Baro-VNAV 在我国推广优势

PBN 导航规范以其显著的优势在我国发展十分迅速，国内机场已开始广泛应用 PBN 导航技术，实现航空器各飞行阶段的航空引导服务。PBN 技术的飞速发展降低了航空飞行的运行成本，并可有效地提高航空器的运行安全性及运行效率。

我国幅员辽阔，地形复杂多样。平原地区较少，山区、高原、丘陵分布广阔。复杂地形条件下传统导航设备受地形限制原因，导航信号的传播容易受地形遮挡，无法为远距离航空器提供航空导航服务。PBN 导航技术因其导航信号来自卫星，可实现复杂地形条件下的连续不间断导航引导功能。同时，PBN 导航基于卫星定位，无须架设密集的地面导航设施，即可实现全球导航定位，较传统导航有更好的经济性。

PBN 导航规范较易实现水平方向的定位及引导功能，无法实现精密进近的垂直导航引导。因此，最初的 PBN 使用需结合传统导航设备实现精密进近的导航。随着技术的不断革新，在不增加机场地面设备的前提下，发展出了气压式垂直导航的类精密进近模式。

Baro-VNAV 导航新技术有助于机场提供类精密进近服务，且不需要增加新的地面导航设备，仅依靠卫星及机载气压式高度表即可实现水平及垂直方向的引导。虽然其导航精度无法到达精密进近的导航精度要求，但相较于非精密进近已经有了较大的提升，能够降低

航空器进近着陆的运行标准并有效提高航空器的进近效率。尤其是针对地形条件复杂的机场,在传统导航设备无法架设的情况下,气压式高度表垂直导航可在有限的空间内实现航空器的类精密进近运行。

因此,在中国特色社会主义理论引领下,我国民航局响应国际民航组织号召,大力推动民航产业发展,因地制宜建设 PBN 导航航路和机场的进离场航路,积极推广 Baro-VNAV 导航新技术在各 PBN 机场的应用。由于导航新技术的应用,机场的航班保障能力得到稳步提升。PBN 导航技术的应用,将为我国民航事业带来新的发展点,为各地的经济发展做出更大贡献。

附 录　温度校正

A.1　温度校正的要求

温度校正要求当地球表面温度远低于标准大气预报值时,必须调整计算的最低安全高度/高。

A.2　校正计算

(1) 为计算低温修正(Δh)以确定 FAS 和实效 VPA,使用如下公式:

$$\Delta h = \left(-\frac{\Delta T_{\text{STD}}}{L_0} \right) \ln\left(1 + \frac{L_0 h_{\text{FAP}}}{T_0 + L_0 h_{\text{THR}}}\right)$$

式中:

Δh 为温度修正值;

ΔT_{STD} 为相对于标准日(ISA)温度的温度偏差;

L_0 为 ISA 第一层(海平面至对流层顶)中气压高度温度标准递减率,即($-0.0065°/\text{m}$);

h_{FAP} 为 FAP 处高于入口的程序高;

T_0 为在海平面的温度标准(288.15K);

h_{THR} 为入口标高。

注意:低温修正计算是基于工程科学数据单位出版物中设定的非标准大气。

(2) 上述方程不能直接使用 $\Delta h_{\text{GAirplane}}$ 求解,要使用迭代法。可以用一台计算机或电子表格程序进行计算。

A.3　温度递减率假定

上面的等式假定一个恒定的"偏离标准"温度递减率。实际温度递减率与纬度和每年的时间有关,可能会与假定的标准不同。但是,通过该计算方法得出的修正,在高度 11000m (36000ft)以内是有效的。

A.4 表列校正值

对 FAS 的低温修正计算可以从附表 A-1 至附表 A-6 中获得。

附表 A-1 用于计算 FAS 和实效 VPA 的温度校正（m,SI）

机场温度 /℃	入口在海平面,FAP 的高/m								
	300	450	600	750	900	1050	1200	1350	1500
50	−37	−55	−73	−92	−110	−129	−148	−167	−185
40	−26	−39	−52	−66	−79	−92	−106	−119	−132
30	−16	−24	−31	−39	−47	−55	−63	−71	−79
20	−5	−8	−10	−13	−16	−18	−21	−24	−26
10	5	8	10	13	16	18	21	24	26
0	16	24	31	39	47	55	63	71	79
−10	26	39	52	66	79	92	106	119	132
−20	37	55	73	92	110	129	148	167	185
−30	47	71	94	118	142	166	190	214	238
−40	57	86	115	144	174	203	232	262	291
−50	68	102	136	171	205	240	274	309	344

附表 A-2 用于计算 FAS 和实效 VPA 的温度校正（m,SI）

机场温度 /℃	入口在 900mAMSL,FAP 的高/m								
	300	450	600	750	900	1050	1200	1350	1500
50	−44	−65	−87	−109	−132	−154	−176	−198	−221
40	−33	−49	−66	−83	−99	−116	−133	−150	−167
30	−22	−33	−45	−56	−67	−79	−90	−101	−113
20	−12	−17	−23	−29	−35	−41	−47	−53	−59
10	−1	−1	−2	−2	−3	−3	−4	−4	−5
0	10	15	20	25	29	34	39	44	49
−10	20	31	41	51	62	72	83	93	104
−20	31	47	62	78	94	110	126	142	158
−30	42	63	84	105	126	147	169	190	212
−40	52	79	105	132	158	185	212	239	266
−50	63	95	127	159	191	223	255	287	320

附表 A-3　用于计算 FAS 和实效 VPA 的温度校正（m,SI）

机场温度 /℃	入口在 1800m，FAP 的高/m								
	300	450	600	750	900	1050	1200	1350	1500
50	−51	−76	−102	−128	−154	−180	−206	−232	−258
40	−40	−60	−80	−100	−121	−141	−162	−182	−203
30	−29	−44	−58	−73	−88	−103	−118	−132	−147
20	−18	−27	−37	−46	−55	−64	−74	−83	−92
10	−7	−11	−15	−18	−22	−26	−30	−33	−37
0	4	5	7	9	11	13	15	16	18
−10	14	22	29	36	44	51	59	66	73
−20	25	38	51	64	77	90	103	116	129
−30	36	54	73	91	110	128	147	165	184
−40	47	71	95	119	142	167	191	215	239
−50	58	87	117	146	175	205	235	265	294

附表 A-4　用于计算 FAS 和实效 VPA 的温度校正（ft,Non-SI）

机场温度 /℃	入口在海平面，FAP 的高/ft								
	1000	1500	2000	2500	3000	3500	4000	4500	5000
50	−122	−183	−245	−306	−368	−430	−493	−555	−618
40	−87	−131	−175	−219	−263	−307	−352	−397	−441
30	−52	−78	−105	−131	−158	−184	−211	−238	−265
20	−17	−26	−35	−44	−53	−61	−70	−79	−88
10	17	26	35	44	53	61	70	79	88
0	52	78	105	131	158	184	211	238	265
−10	87	131	175	219	263	307	352	397	441
−20	122	183	245	306	368	430	493	555	618
−30	157	235	315	394	473	553	633	714	795
−40	192	288	384	481	579	676	774	872	971
−50	226	340	454	569	684	799	915	1031	1148

附表 A-5 用于计算 FAS 和实效 VPA 的温度校正(ft,Non-SI)

机场温度 /℃	入口在 3000ft AMSL,FAP 的高/ft								
	1000	1500	2000	2500	3000	3500	4000	4500	5000
50	−146	−219	−292	−366	−440	−514	−589	−663	−738
40	−110	−165	−221	−277	−332	−389	−445	−501	−558
30	−74	−112	−149	−187	−225	−263	−301	−339	−378
20	−39	−58	−78	−98	−118	−137	−157	−177	−197
10	−3	−5	−7	−8	−10	−12	−14	−15	−17
0	32	48	65	81	97	114	130	147	163
−10	68	102	136	170	205	239	274	309	344
−20	103	155	207	260	312	365	418	471	524
−30	139	209	279	349	420	490	562	633	704
−40	174	262	350	438	527	616	705	795	885
−50	210	316	421	528	635	742	849	957	1065

附表 A-6 用于计算 FAS 和实效 VPA 的温度校正(ft,Non-SI)

机场温度 /℃	入口在 6000ft AMSL,FAP 的高/ft								
	1000	1500	2000	2500	3000	3500	4000	4500	5000
50	−170	−256	−342	−428	−515	−602	−689	−776	−864
40	−134	−201	−269	−337	−405	−473	−542	−611	−680
30	−98	−147	−196	−246	−295	−345	−395	−445	−496
20	−61	−92	−123	−154	−185	−217	−248	−280	−311
10	−25	−38	−50	−63	−76	−88	−101	−114	−127
0	11	17	23	28	34	40	46	52	57
−10	48	72	96	120	144	168	193	217	242
−20	84	126	169	211	254	297	340	383	426
−30	120	181	241	302	364	425	486	548	610
−40	157	235	314	394	473	553	633	714	794
−50	193	290	387	485	583	681	780	879	979

参 考 文 献

[1] ICAO(International Civil Aviation Organization). Performance Based Navigation(PBN)Manual[Z]. Third edition. Montreal,2008.

[2] 朱代武,陈肯,周继华. 现代飞行程序设计[M]. 成都:西南交通大学出版社,2019.

[3] 李征航,黄劲松. GPS测量与数据处理[M]. 3版. 武汉:武汉大学出版社,2016.

[4] 刘经南,陈俊勇,张燕平. 关于差分GPS原理与方法[M]. 北京:测绘出版社,1999.

[5] 黄丁发,熊永良,袁林果. 全球定位系统(GPS):理论与实践[M]. 成都:西南交通大学出版社,2006.

[6] 秦瑞超,邵向楠,盛庆伟. 国内外主要卫星导航定位系统的发展分析[J]. 黑龙江科技信息,2010(24): 11-12.

[7] 田宗彪,章磊,TIANZong-biao,等. 一种改进的综合误差内插算法研究[J]. 导航定位学报, 2013(4): 5.

[8] 刘天雄,周鸿伟,聂欣,等. 全球卫星导航系统发展方向研究[J]. 航空器工程,2021,30(2):96-107.

[9] 北斗卫星导航系统. http://www. beidou. gov. cn/yy/jt/.

[10] 朱代武,何光勤. 目视与仪表飞行程序设计[M]. 成都:西南交通大学出版社,2016.

[11] ICAO. Doc8168 OPS/611 Aircraft Operations(Sixth Edition)[Z]. 2014.

[12] ICAO. Doc 9613 Performance Based Navigation manual[Z]. 2008.

[13] 京报网. 3人被困昆仑山脉无人区,"北斗卫星"帮大忙[EB/OL]. [2023-10-14]. https://baijiahao. baidu. com/s? id=1779727467371942765&wfr=spider&for=pc.

[14] 中国民航局飞行标准司. 咨询通告(AC-91-FS-2008-09)——中国民航机场运行最低标准制定与实施准则[Z]. 2011.

[15] 中国民航局飞行标准司. 咨询通告(AC-91-FS-2008-09)——在航路和终端区实施RNAV1和RNAVV2的运行指南[Z]. 2008.

[16] 中国民航局飞行标准司. 咨询通告(AC-91-FS-2010-01R1)——在终端区和进近中实施RNP的运行批准指南[Z]. 2010.

[17] FAA(Federal Aviation Administration). United States Standard for Terminal Instrument Procedures (TERPS)8260 Series[Z]. 2012.

[18] EURCONTROL(European Organization for the Safety of Air Navigation). Guidance Material for the Design of Terminal Procedures for Area Navigation(DME/DME, B-GNSS, Baro-VNAV&RNP-RNAV). Version 3. 0[Z]. 2003.

[19] 中国民航局飞行标准司. 咨询通告(AC-97-FS-2015-29)——卫星着陆系统(GLS)运行批准指南[Z]. 2015.

[20] ICAO. Doc 9274 AN/904Manual on the Use of Collision Risk Model(CRM) for ILS operations [Z]. 2003.

[21] 中国民航局. 上海浦东机场GLS飞行演示验证[EB/OL]. [2015-04-29]. http://www. caac. gov. cn/ ZTZL/RDZT/XJSYY/201511/t20151126_14853. html.